続・創作数学演義

一松 信 著

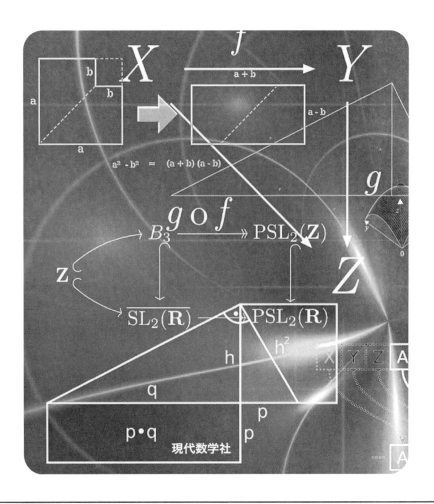

はしがき

　さきに雑誌『現代数学』に連載した「考えてみよう」(2012 年 1 月号 –2014 年 3 月号) を整理加筆して，『創作数学演義』という題で，現代数学社から刊行しました (2017 年)．以下これを「前著」として引用します．

　本書はその続編として 2014 年 4 月号 –2015 年 12 月号に連載した記事「ミニ数学を創ろう」を整理加筆したものです．前著の続編という形であり，趣旨も前著と同様ですが，多少発展的な題材にも触れたつもりです．

　連載の順はかなり思いつき的で一貫していませんので，改めて代数学関係，幾何学関係，解析学関係と 3 部に整理し直しました．前著で「その他」とした組合せ論・確率関係の話題は今回は少なかったので，すべてを代数学関係に収めました．境界領域にわたる内容は，その都度，趣旨をことわって適当に分類しましたが，分野には余りこだわらずに眺めて下さい．

　ところで，「ミニ数学を創ろう」の連載第 1 回 (2014 年 4 月号) の冒頭に，「はじめに」として次の文章を記しました．それをここに転載します．

　「現代の数学は高度に発展して学ぶだけでも大変です．しかしささやかでも数学の小部分を自分で手掛けてみることは，たとえその結果が既知の (そして今は忘れられた) 事実であっても，大切な営みと思います．これまでの「考えてみよう」よりも，もっと open な課題を提出して読者諸賢の自由なアイディアを募集したいという気持ちで，若干模様替えをしました．」

　結果的に前著と余り変わりばえがなく，若干前著との重複も生じましたが，続編として刊行する価値はあると信じます．

　誤植の訂正をはじめ，いくらか本文の修正・加筆を施しました．また後に知った別解や，若干の関連事項，省略した定理の証明，発展的内容などを解答編に補充・追記として書き足した個所がいくつかあります．

当初はさらに書き下ろしの新話をも加えることを考えました．しかし結局『現代数学』に後に書いた下記3編の関連する独立記事と，応募の中から紹介の価値があると考えた1編を，対応する部の末尾に補充の形で追加するのに留めました．

代数学関係：行列に関する覚え書き（2016年1月号）
幾何学関係：
 1°内心と外心の中点が重心になる三角形（若干加筆）（2017年3月号）
 2°2次曲線の直交弦に関する共通交点（2016年9月号）
 3°ヘロンの公式の別証明（応募原稿に加筆）．

なお解答編第9話の末尾に引用した現代数学2017年12月号の記事は，本文と重複が多いので，引用に留めました．

他方下記の2編の独立記事は，編集部からの打診もありましたが，収録を見合わせました．それらの内容は，むしろ「研究論文」的な性格であって，演習問題的な本書の趣旨にはそぐわないと判断したからです．

双曲幾何の2次曲線の分類について（2016年2月号）
4次元正多胞体の胞数計算（2016年3月号）

以上が本書の生い立ちです．内容は実の所前著と大差ありません．数学検定（主に1級／準1級）の過去問をいくつか引用し，誤答に対して批判めいたグチも記しましたが，それは私の体験の記録です．特に「数学検定」のための参考書とは意識していません．前著同様に，最初から順に読むのではなく，気の向いた話から拾い読みして，できるだけ多くの話に眼を通して下されば幸いです．

雑誌に連載中の折には，設問への応募者のお名前を明示し，特に優れた着想をお寄せ下さった方の結果は，お名前を付けて引用紹介しました．しかし前著と同様にプライバシーの問題がありますので，本書でも応募者のお名前はすべて伏せ，必要な個所では記号化して表示しました．その点熱心に応募

くださった方々に失礼申す次第ですが，事情御推察の上，御寛裕を賜りたく存じます．

　熱心な応募者の他，ほぼ毎号にわたって誤植の御指摘を下さった意欲的な読者の方々にも，改めて感謝申します．出版に当たって色々とお世話になった現代数学社の富田淳氏はじめ編集の方々に，特に厚く御礼申し上げます．

　結果的に私の好みに偏した，そして必ずしも「創作」の名には値しない設問集ですが，前著と合わせて学習並びにご検討の題材に活用されることを期待いたします．

2019 年 1 月 20 日　　著者しるす

目　次

はしがき i

第1部　代数学関係 1

第1話　公式の図的証明 3

第2話　ある平方数の列 13

第3話　汎魔方陣 19

第4話　サイコロの母関数 27

第5話　1次元の非周期的充填 33

第6話　アイゼンスタイン数 39

第7話　方程式論の基本定理 49

第8話　一般逆行列 59

第1部 補充　行列に関する覚え書き 67

第2部　幾何学関係 77

第9話　内外接円の半径の比 79

第10話　三角形の諸心間の距離 87

第11話　正七角形をめぐって 97

第12話　直方体の皮と身 103

第13話　立方体の正射影 113

第14話　球面三角法 123

第2部 補充①　内心と外心の中点が重心になる三角形 131

第2部 補充②　2次曲線の直交弦に関する共通交点 137

第2部 補充③　ヘロンの公式の別証明 147

iv

第3部　解析学関係 ——————————————— 151

第 17 話　極限なしの微分法 ———————————— 153

第 16 話　収束の加速 ——————————————— 163

第 17 話　三角比の近似値 ————————————— 171

第 18 話　積分に関する良い配置 ———————————— 179

第 19 話　直交多項式 —————————————— 185

第 20 話　パデ近似 ——————————————— 195

第 21 話　モローの不等式再論 ————————————— 201

設問の解答・解説 ———————————————— 209

あとがき —————————————————— 271

索引 ——————————————————— 272

v

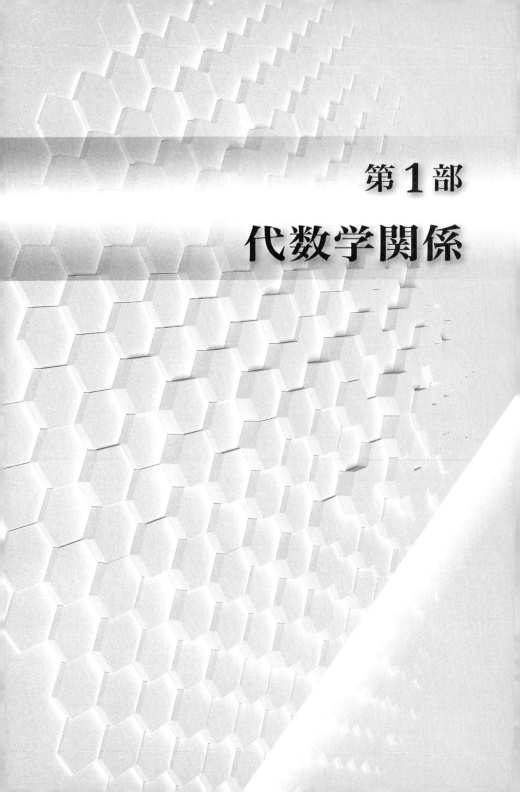

第1部
代数学関係

第 1 話 公式の図的証明

1. 公式を図で証明する

初等代数の諸公式を図によって説明(ないし証明)する方式は,古代ギリシャの「プセーボイ(小石)代数」の伝統があり,さらに古くメソポタミアの粘土板にも例があります.近年にも多くの研究があり,成書もあります(例えば[1]).その中から主に 2 乗数の和の公式についていくつかの方法を解説します.中学／高校の課題学習の題材にも活用できることを期待します.後述の設問は 3 乗数の和の公式についてで,読者諸賢の工夫を期待します.

2. 2 乗の和の公式 (1) 古代バビロニアの証明

図形的な基本公式は次の 2 式です(図 1).

三角数　　$1+2+3+\cdots+n = T_n = n(n+1)/2$ 　　(1)

平方数　　$1+3+5+\cdots+(2n-1) = n^2$ 　　(2)

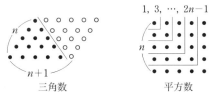

図 1　三角数と平方数

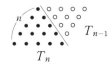

図 2　三角数の和

これらは図1から明らかでしょう．(1)から
$$T_n + T_{n-1} = n(n+1)/2 + n(n-1)/2 = n^2 \tag{3}$$
ですが，これも図2の形で説明できます．以下これらは自由に使用します．次に

2乗数の和： $1^2 + 2^2 + 3^2 + \cdots + n^2 = S_n$ \hfill (4)

を考えます．古代バビロニアの粘土板の中に，以下のように解釈できるものがあるそうです．

$1^2, 2^2, \cdots, n^2$ を点・で表現し，それらを正方形状に図3（$n=5$で説明）のように並べる．その上に。を補って全体を $(n+1) \times T_n$ の長方形状にする．S_n を求めるには。の個数を求めればよい．その個数は上の行（横並び）から順に数えると

$$T_n + T_{n-1} + \cdots + T_2 + T_1 \ (= D_n \text{ とおく}) \tag{5}$$

だが，これは次のように計算できる．
$$\begin{aligned} 2D_n &= T_n + T_{n-1} + T_{n-2} + \cdots + T_2 + T_1 \\ &\quad + T_n \ \ \ + T_{n-1} + \cdots + T_3 + T_2 + T_1 \\ &= T_n + n^2 + (n-1)^2 + \cdots + 3^2 + 2^2 + 1^2 \\ &= T_n + S_n \end{aligned} \tag{6}$$

他方図3のように $D_n + S_n = n(n+1)^2/2$ だから
$$\begin{aligned} \left(\frac{1}{2} + 1\right) S_n &= \frac{1}{2} n(n+1)^2 - \frac{1}{4} n(n+1) \\ &= \frac{1}{4} n(n+1)(2n+2-1) \end{aligned}$$

したがって最終的に次の結果を得る：
$$S_n = n(n+1)(2n+1)/6. \quad \square \tag{7}$$

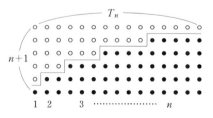

図3　2乗和の計算

第❶話　公式の図的証明

多少現代化しすぎたかもしれませんが，鮮やかな証明だと思います．この変形が文献[2]にあります．そこでは図3の上に鏡をおいて全体を反転させた図を合わせ，それから中央の。の列1行をとり除いた形を考えます（図は略）．全体は $(2n+1)\times T_n$ の長方形で，上下に S_n が1組ずつあります．さらに中央の。の並びの個数は

$$2D_n - T_n = S_n \quad （式(6)参照）$$

なので，長方形全体の・と。の個数の総計は $3S_n$ です．これから直ちに(7)を得ます．□

但し文献[2]では中央の。の個数を次のように直接に計算しています．左から順に。の数は1組の $(2n-1)$，2組の $(2n-3)$，$\cdots$，$(n-1)$ 組の3，n 組の1と考えられるので，その和は

$$[1+3+\cdots+(2n-1)]+[1+3+\cdots+(2n-3)]+\cdots+(1+3)+1$$
$$= n^2+(n-1)^2+\cdots+2^2+1^2 = S_n. \quad □$$

これは(6)の別証にもなります．

2乗和の公式には，他にも興味ある「図的証明」が多数知られています．文献[3]に詳しく論じましたが，その若干を解答編に補充しました．

3. 四面体数と関連する数

三角数の和 D_n（式(5)）は正四面体状に球を積んだ数とみなされるので，**四面体数**とよんでもよいでしょう．D_n の初めのほうは $1, 4, 10, 20, 35, 56, \cdots$，です．

これは図3の左側から数えれば1組の n，2組の $(n-1)$，$\cdots$，$(n-1)$ 組の2，n 組の1の和と考えられるので

$$D_n = \sum_{k=1}^{n} k(n-k+1) = (n+1)T_n - S_n \tag{8}$$

のはずです．(6)と合わせて $S_n = (2n+1)T_n/3$ ですが，これからまた

$$D_n = T_n(3n+3-2n-1)/3$$
$$= n(n+1)(n+2)/6 \tag{9}$$

5

です．(9) が正しいことは，(9) を仮定して $D_n - D_{n-1} = T_n$ となることからもわかります．なお (7) と (9) を比べて等式
$$4S_n = D_{2n}$$
が成立することに注意します．

(8) は立体図形からも解釈できます．D_n 個の球を正四面体状に積み，これを倒して一対の対辺が水平になるように置き換え，上から一層ずつはがしてゆえば (8) の和になります (図 4 は $n=5$ の場合の例示；但し横長に記述)．

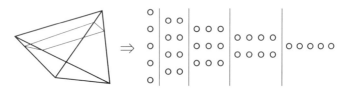

図 4　横倒しの正四面体と各層の薄切り

ところで，立方体の一つおきの頂点を結んで四隅を切り落とすと，中央に正四面体が残ります．これから (3) の類似として
$$D_n + 4D_{n-1} = n^3 \text{ (あるいは } D_n + D_{n-1} = n^3\text{)}$$
を期待したいが，これらは成立しません．しかし
$$D_n + 4D_{n-1} + D_{n-2} = n^3 \tag{10}$$
は正しい式で，(9) から直接に証明できます．(10) を図形的に説明することも可能です．概略をいうと，中央に残った正四面体は一辺が長く，D_n 個の点の内部にひとまわり小さい四面体 D_{n-2} が含まれているのです．

3 次元的な配列ではこの他に正八面体状に球を積んだ**八面体数** O_n が考えられます．正方形の層を考えれば
$$O_n = S_n + S_{n-1} = n(2n^2+1)/3 \tag{11}$$
です．他方正八面体の一つおきの面に正四面体をつければ，大きな正四面体ができるので
$$O_n = D_{2n-1} - 4D_{n-1} \ (=(11) \text{ の右辺}) \tag{11'}$$
のはずです．(9) から計算すると (11') の右辺は (11) の右辺と等しくなり，

第**❶**話 公式の図的証明

これも正しい式です．これらを活用して D_n, S_n, T_n の間の関係式を探ることも可能です．例えば(11')と(9)を直接に示せば，逆に

$$S_n = \frac{1}{2}(O_n + n^2)$$

$$= \frac{1}{2}D_{2n-1} - 2D_{n-1} + \frac{n^2}{2}$$

$$= n(4n^2 - 1 - 2n^2 + 2 + 3n)/6$$

$$= n(2n^2 + 3n + 1)/6$$

$$= n(n+1)(2n+1)/6$$

として(7)を導くこともできます．

4. 2乗の和の公式 (2) 台形数による方法

(7)のもっとエレガント（？）な証明に偶然気付きました．正の整数を順に並べて，次のように順次 A_k, B_k $(k = 1, 2, \cdots)$ の組に分割します．

$$\underbrace{1\ 2}_{A_1}\ \underbrace{3}_{B_1}\ \underbrace{4\ 5}_{A_2}\ \underbrace{6\ 7}_{B_2}\ \underbrace{8\ 9\ 10\ 11\ 12}_{A_3}\ \underbrace{13\ 14\ 15}_{B_3}\ \underbrace{16\ 17\ \cdots}_{A_4}$$

A_k は $(k+1)$ 個，B_k は k 個の相続く整数の組です．これらは次の性質を満たします．

$1°$ A_n の最初の数は n^2．A_n は n^2 から $n^2 + n$ まで，B_n は $n^2 + n + 1$ から $n^2 + n + n = (n+1)^2 - 1$ までの相続く整数の集合である．

証明 数学的帰納法でもできるが，A_n の直前の B_{n-1} までの数を数えると全体で

$$3 + 5 + \cdots + (2n-1) = n^2 - 1 \ (\text{式}(2)\text{による})$$

個ある．A_n の最初の数は，その次の n^2 である． □

$2°$ A_n の要素の和を $S(A_n)$ で表す（$S(B_n)$ も同様）．このとき $S(A_n) = S(B_n)$ である（これらを**台形数**とよぶ）．

7

証明 A_n から最初の n^2 を除いた残りを A'_n と表すと $S(A_n)=S(A'_n)+n^2$ である．他方 A'_n と B_n とはともに n 個の要素からなり，下から順次対応する数の差は n ずつなので $S(B_n)-S(A'_n)=n\times n=n^2$ である．この両式から $S(A_n)=S(A'_n)+n^2=S(B_n)$ である．□

別証 A_n の各数から順次 $0,1,2,\cdots,n$ を引けば，残りは $(n+1)$ 個の n^2 である．B_n の各数から順次 $1,2,\cdots,n$ を引けば残りは n 個の n^2+n である．それらの和はともに $n^2(n+1)$ であって相等しい．したがってもとの和はともに

$$\begin{aligned}S(A_n)=S(B_n)&=n^2(n+1)+T_n\\&=n(n+1)(2n+1)/2\end{aligned} \quad (12)$$

に等しい．□

もちろん A_n, B_n は等差数列なので，直接にその要素の和が計算できますが，わざとそれを避けました．

$3°\ S(A_n)-S(A_{n-1})=3n^2$ である．

証明 $2°$ より $S(A_n)=S(B_n)$ だから，B_n と A_{n-1} を比較する．両者はともに n 個の要素からなり，下から順に対応する要素の差は $(n-1)+(n+1)+n=3n$ である．したがって

$$\begin{aligned}S(A_n)-S(A_{n-1})&=S(B_n)-S(A_{n-1})\\&=3n\times n=3n^2\end{aligned} \quad (13)$$

である．□

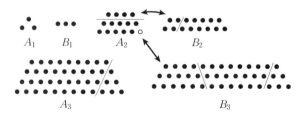

図 5 台形数の列

$S(A_1) = 3 = 3 \times 1^2$ に注意し，(13) の n を k に変えて，$k = 2, 3, \cdots, n$ について加えると，途中の項は打ち消し合い

$$S(A_n) = 3(1^2 + 2^2 + \cdots + n^2) = 3S_n$$

です．これを (12) と比較すれば (7) を得ます．□

　以上は表現を簡潔にするために式で記述しました．重複しますが，文献 [3] に詳しく述べました．しかし図 5 に $n = 3$ の場合を例示したように石を並べて加除しながら説明することは容易でしょう．

　S_n の公式 (7) の図的な証明は他にもいろいろあります．例えば立方体のブロックを使って 3 次元的に直方体を組立てるなども一つの方法です．読者諸賢もいろいろ工夫して下さい．

5. 3 乗数の和の公式

3 乗数の和の公式

$$1^3 + 2^3 + 3^3 + \cdots + n^3 = T_n^2 = n^2(n+1)^2/4 \tag{14}$$

の証明もいろいろありますが，「図的な」簡単な証明は，次ページの図 6 のような乗積表の活用でしょう．各行の和は順次 T_n, $2T_n$, $3T_n$, $\cdots$, $T_n \times T_n$ であり，全体の和は T_n^2 です．他方左上から L 字形に区切って足せば，最初は $1 = 1^3$，次は $2 \times (1+2+1) = 2 \times 2^2 = 2^3$，以下順次 $3^3, \cdots, n^3$ であり，全体の和は $1^3 + 2^3 + \cdots + n^3$ です．それが (14) に等しい値です．□

1	2	3	………	n	T_n
2	4	6	………	$2n$	$2T_n$
3	4	6	………	$3n$	$3T_n$
⋮	⋮	⋮	⋮	⋮	⋮
n	$2n$	$3n$	………	n^2	nT_n

図6 左はL型の和,右は横の並びの和

もっと「図らしい」証明は図7のように単位正方形をならべる方法でしょう（図7は $n=4$ の場合）．ここでちょっと注意がいるのは，k が奇数の場合は単に一辺 k の正方形を k 個並べればよいが，k が偶数の場合には要修正で，一辺 k の正方形を切半した2片を端に置く必要があることです（他の修正法もある）．いずれにせよ一辺 k の正方形 k 枚の面積の和は $k^2 \times k = k^3$ であり，全体の面積はその和 $1^3 + 2^3 + \cdots + n^3$ です．それ全体が一辺 T_n の正方形になります．□

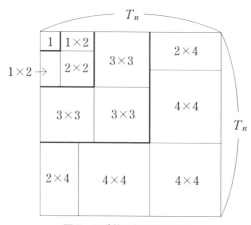

図7 3乗数の和の図的証明

第❶話　公式の図的証明

今回の設問は公式(14)の別証の工夫です.

漠然としていますが,アイディアを主眼とする open-end な課題です.「唯一の正解」はありません.上述の T_n,S_n,D_n などの諸公式を使用しても構いません.図的な説明を期待しますが,簡単な式の計算も許容します.

参考文献

［1］R.B.Nelson 原著,秋山仁他訳,証明の展覧会Ⅰ,Ⅱ,東海大学出版会,2003.
［2］Martin Gardner 原著,一松信訳,図形を使った公式の証明,数学ゲームⅠ新装版に所載,日経サイエンス社,2010.
［3］一松 信,累乗和の公式,大学への数学,2017 年 10 月号,p50-43.

═══════════ **設 問 1** ═══════════

3乗和の公式：$1^3+2^3+\cdots+n^3=T_n{}^2$ を図的に証明する他の方法を工夫せよ.

（解説・解答は 210 ページ）

校正の折に追加

図形的な証明ではありませんが,下記のような方針の証明が,かつて数学検定準1級に出題されたことがあります.

1から始めて順次の奇数を並べ,最初から順次 1, 2, 3, … 個のブロック C_k に分ける：

1 | 3 5 | 7 9 11 | 13 15 17 19 | 21 23 25 27 29 | …

k 番目のブロック C_k 内の数の和は k^3 に等しい.他方1から $2\ell-1$ までの ℓ 個の奇数の和は ℓ^2 に等しい.したがって C_n ブロックまでの数の総和は

$$1^3+2^3+\cdots+n^3=T_n{}^2=[n(n+1)/2]^2$$

に等しい.これは3乗数の和の公式である.□

11

第**❷**話 　　　　　　　　　　　**ある平方数の列**

1.　ことの起こり

次の数列を見て下さい．これらは平方数からなる列です．

$$1 \quad 25 \quad 49 \quad 169 \quad 289 \quad 625 \quad 961 \quad 1681 \quad 2401 \cdots \tag{1}$$

最初の数を a_1^2，以下一つおきに $a_2^2, a_3^2, \cdots$ とし，中間の偶数番目を $b_1^2, b_2^2, \cdots$ とします．ここで a_k^2, b_k^2, a_{k+1}^2 とつづく 3 個ずつが順次

$$24 \quad 120 \quad 336 \quad 720 \quad \cdots \tag{2}$$

を公差とする等差数列になっています．

もちろん全体が等差数列ではないので，このような述べ方は誤解を招きかねませんが，以下同様に「部分的な等差数列」を考えます．

(1)の正の平方根の列 $a_1, b_1, a_2, b_2, a_3, \cdots$ は

$$1 \quad 5 \quad 7 \quad 13 \quad 17 \quad 25 \quad 31 \quad 41 \quad 49 \quad \cdots \tag{3}$$

で，それらの差分が順次 4 2 6 4 8 6 10 8 …となっています．これから一般に漸化式

$$\begin{aligned} &a_1 = 1, \ a_k = a_{k-1} + (4k-2); \\ &b_1 = 5, \ b_k = b_{k-1} + 4k \end{aligned} \tag{4}$$

が予想されます．実際逆に(4)によって改めて a_k, b_k を定義すると

$$\left. \begin{aligned} b_k &= 5 + 8 + 12 + \cdots + 4k = 2k^2 + 2k + 1 \\ &= k^2 + (k+1)^2 \\ a_k &= 1 + 6 + 10 + \cdots + (4k-2) = 2k^2 - 1 \end{aligned} \right\} \tag{5}$$

と表されます．このとき隣り合う数の 2 乗の差は

第1部　代数学関係

$$b_k^2 - a_k^2 = (b_k - a_k)(b_k + a_k)$$
$$= (2k+2)(4k^2 + 2k)$$
$$= 2k(2k+1)(2k+2) = 6 \cdot {}_{2k+2}C_3$$
$$a_{k+1}^2 - b_k^2 = 2k(4k^2 + 6k + 2)$$
$$= 2k(2k+1)(2k+2) \tag{6}$$

となり，確かに a_k^2, b_k^2, a_{k+1}^2 が公差 (6) の等差数列になります．なお (6) の値は $24S_k$ ($S_k = 1^2 + 2^2 + \cdots + k^2$ ；第1話参照)に等しいことに注意します．

　以上は平方数の等差数列と「遊んでいる」うちに偶然に気付いた実例です．他に類似の列がないか，などと考えてみた話を以下に扱います．後述のように同様の列は無限にありますが，最も密な (項の増加が穏やかな) 列が (1) です．以下それをもう少し調べてみましょう．

2.　等差数列をなす平方数

　いま a^2, b^2, c^2 が等差数列をなすとすれば
$$2b^2 = a^2 + c^2 \quad \Rightarrow$$
$$(2b)^2 = 2(a^2 + c^2)$$
$$= (a+c)^2 + (c-a)^2 \tag{7}$$

です．(7) から $2b, a+c, c-a$ はピタゴラス三角形をなします．原始的な組を考えれば，その場合の斜辺が奇数なので，2 で割ると

$b, (a+c)/2, (c-a)/2$ がピタゴラス三角形，斜辺の b は奇数　(7')

です．平方数は $k^2 \equiv 1$ または $0 \pmod 4$ ですから，a も c も奇数です．よく知られているとおり (原始的なピタゴラス三角形の一般解)，このときには一方が偶数，他方が奇数の m, n $(m > n > 0)$ により

$$b = m^2 + n^2, \ c = m^2 - n^2 + 2mn,$$
$$a = |m^2 - n^2 - 2mn| \tag{8}$$

と表されます．前出の (5) はここで

14

$$m = k+1,\ n = k\,;$$
$$a_k = 2k^2 - 1 = 2k(k+1) - [(k+1)^2 - k^2]$$

とした場合と解釈できます．そうすると m, n を k のうまい式にとって a が k 番目，c が $(k+1)$ 番目になるようにすれば，(1) と同様の列がいろいろできます．それを次節で考えます．

ここで $c = (m+n)^2 - 2n^2$ とし，a を符号によって $(m-n)^2 - 2n^2$ または $(m+n)^2 - 2m^2$ と変形すれば，結局最初は $x^2 - 2y^2 = 1$，以下は $x^2 - 2y^2 = a(>0)$ というペル方程式になります．ペル方程式については「前著」第 7 話の「四角い三角」で詳しく論じました．但し以下の議論ではペル方程式には言及しません．

3.　m, n を k の 1 次式として

前節の m, n を k の関数として，1 節のような系列を探してみます．$\alpha, \beta, \gamma, \delta$ を定数とし，m, n をそれぞれ k の一次式
$$m = \alpha k + \beta, \quad n = \gamma k + \delta \tag{9}$$
とおきます．ここで k に対する c と $(k+1)$ に対する a とが等しければ，所要の列になります．但し a の表現 (8) には $m^2 - n^2$ と $2mn$ の大小によって 2 つの場合があり，どちらも必要です．

（ i ）$a = 2mn - (m^2 - n^2) = (m+n)^2 - 2m^2$ のとき．
$$c = (m+n)^2 - 2n^2, \ a = (m+n)^2 - 2m^2$$
と変形して (9) を代入すれば，以下のようになります．
$$[(\alpha + \gamma)k + (\beta + \delta)]^2 - 2(\gamma k + \delta)^2$$
$$= [(\alpha + \gamma)k + (\beta + \delta) + (\alpha + \gamma)]^2 - 2(\alpha k + \beta + \alpha)^2$$
$$\Rightarrow 2[(\alpha k + \beta + \alpha)^2 - (\gamma k + \delta)^2]$$
$$= 2(\alpha + \gamma)[(\alpha + \gamma)k + (\beta + \delta)] + (\alpha + \gamma)^2 \tag{10}$$

(10) で k^2 の項 $= 0$ となるための条件は $\alpha = \gamma$ です．これを (10) に代入して k の係数と定数項とを比較すると

第 1 部　代数学関係

$$4\alpha[(\beta+\alpha-\delta)]=2(2\alpha)^2,\ \alpha\neq 0\ \text{から}\ \Rightarrow\ \beta=\alpha+\delta,$$
$$2(\beta+\alpha+\delta)(\beta+\alpha-\delta)$$
$$=4\alpha(\beta+\delta)+4\alpha^2$$
$$\Rightarrow\ \beta+\alpha+\delta=\beta+\delta+\alpha\ \text{(自明な式)}$$

すなわち条件は $m=\alpha(k+1)+\delta,\ n=\alpha k+\delta\ (m-n=\alpha)$ です. m,n の奇偶性が反対なので α は奇数の必要があり, α と δ は互いに素な必要があります. 最も簡単な場合として $\alpha=1$ とし $\delta=0$ と標準化すれば, $m=k+1,\ n=k$ であり, 冒頭の (1) になります. これを (I) 型とよびます. 次節でもう少し検討します.

（ii）$a=m^2-n^2-2mn$ のとき. c は前のとおりにし,

$a=(m-n)^2-2n^2$ と変形して (9) を代入すると, 次のとおりになります.

$$[(\alpha+\gamma)k+(\beta+\delta)]^2-2(\gamma k+\delta)^2$$
$$=[(\alpha-\gamma)k+(\beta-\delta)+(\alpha-\gamma)]^2-2(\gamma k+\delta+\gamma)^2.$$
$$\Rightarrow\ 4\alpha\gamma k^2+2k[2(\alpha\delta+\beta\gamma)-(\alpha-\gamma)^2]$$
$$+4\beta\delta-(\alpha-\gamma)^2-2(\alpha-\gamma)(\beta-\delta)$$
$$=2[2\gamma(\gamma k+\delta)+\gamma^2] \tag{11}$$

k^2 の係数から $\alpha\gamma=0$ ですが $\alpha\neq 0$ とすると $\gamma=0$, つまり n は定数 δ になります. そこで $\gamma=0$ とし, これを (11) に代入すると

$$2\alpha k(2\delta-\alpha)+4\beta\delta-\alpha^2-2\alpha(\beta-\delta)=0$$

となり $\alpha=2\delta$ です. これを代入すると定数項は自動的に 0 になります. 結局 $m=2\delta k+\beta,\ n=\delta$ ですが, β は δ と互いに素, β と δ の奇偶性が逆の必要があります. 最も簡単な場合は $\beta=0,\ \delta=1$ すなわち $m=2k,\ n=1$ としたときで, 次の列です（a_k,b_k を交互に並べた）. この 2 乗数の列全体を以下では式 (12) として引用します.

$a_k\ b_k$	-1	5	7	17	23	37	47	65	79	101	119	$\cdots$
$a_k^2\ b_k^2$	1	25	49	289	529	1369	2209	4225	6241	10201	14161	$\cdots$
差分		24		240		840		2016		3960		

このとき $a_k = (2k-1)^2 - 2$, $b_k = 4k^2 + 1$, 2乗の差分は順次 $4(2k-1)(2k)(2k+1) = 24 \cdot {}_{2k+1}C_3$ です．この値は四面体数 D_k（第1話参照）により $24D_{2k-1}$ とも表されます．(12) はある意味で (1) と「共役」な印象です．これを(II)型とよぶと，その代表例です．

4. さらなる考察

前節の(I)型の場合をもう少し吟味しましょう．
$$m = \alpha(k+1) + \delta,$$
$$n = \alpha k + \delta \quad (m - n = \alpha)$$
から計算して
$$a_k = 2mn - (m^2 - n^2)$$
$$= 2\alpha^2 k^2 + 4\alpha\delta k - \alpha^2 + 2\delta^2$$
$$b_k = m^2 + n^2$$
$$= 2\alpha^2 k^2 + 2\alpha^2 k + 4\alpha\delta k + \alpha^2 + 2\alpha\delta + 2\delta^2$$
です．この差は次のとおりです．
$$b_k - a_k = 2\alpha^2(k+1) + 2\alpha\delta,$$
$$a_{k+1} - b_k = 2\alpha^2 k + 2\alpha\delta$$
おのおのが公差 $2\alpha^2$ の等差数列をなし，さらに

$$b_{k-1} - a_{k-1} = a_{k+1} - b_k \text{ すなわち } a_{k-1} + a_{k+1} = b_{k-1} + b_k \tag{13}$$

が成立します．(3)がその一例です．

この性質は前節の(II)型の場合にも成立します．そのときには
$$m = 2\delta k + \beta, \ n = \delta \text{（定数）}$$
$$a_k = m^2 - n^2 - 2mn$$
であり，具体的に計算すると次のとおりです．
$$a_k = 4\delta^2 k(k-1) + 4\beta\delta k + (\beta^2 - 2\beta\delta - \delta^2)$$
$$b_k = 4\delta^2 k^2 \qquad + 4\beta\delta k + \beta^2 + \delta^2$$

差分はやはりそれぞれが等差数列であり，関係式 (13) が成立します．その実例は(12)の列で見て下さい．

17

第1部　代数学関係

━━━━━━━━━━━━━━ **設 問 2** ━━━━━━━━━━━━━━

　次の表1, 表2の両列 (14), (15)（一見似ているが実は違う）が, それぞれ前出のどちらの型であり, どのような係数 $\alpha, \beta, \gamma, \delta$ の系列によって生成されているのかを判定して, その一般項を示せ.

表1

(a,b)	-1	29	41	89	119	185	233	317	383	$\cdots$
(a^2,b^2)	1	841	1681	7921	14161	34225	54289	100489	146689	$\cdots$
差分		840		6240		20064		46200		(14)

表2

(a,b)	1	29	41	85	113	173	217	293	353	$\cdots$
(a^2,b^2)	1	841	1681	7225	12769	29929	47089	85849	124609	$\cdots$
差分		840		5544		17160		38760		(15)

（解説・解答は 215 ページ）

第**3**話 汎魔方陣

1. 汎魔方陣とは

魔方陣（magic square；魔法陣と誤記しないように）は昔から神秘的な感覚をもって眺められた対象です．その原型は 1 から n^2 までの n^2 個の整数を $n \times n$ の正方形状に配列し，縦横および 2 本の主対角線上の n 個の和が同じ値（具体的には $n(n^2+1)/2$）になるようにした方陣（今日の用語なら行列）です．しかし少し工夫すればもっと多くの n 個の和も同じ値になるようにできることがあります．特に方陣の左と右，上と下をつないで全体が円環面（トーラス）上にあると考え，主対角線と平行な「副対角線」に沿う n 個の和もすべて同じ値になるとき，**汎魔方陣**（pan-magic square）といいます．このほうが一層神秘的です（例は後述）．

この種の遊戯的な課題も数学（整数論や組合せ論）の対象として古くから研究されてきました．現在では n が 2 または 3 の倍数のときには，汎魔方陣は不可能なことが証明されています．しかしそうでない（6 と互いに素な）場合には，以下に述べる手法ないしその修正拡張によって汎魔方陣が構成できます．工夫次第ではさらに多くのパターンの和も同じ値になるようにできます．

以下では構成上の都合により，並べる数をすべて 1 引いて 0 から n^2-1 までとし，これを n 進法 2 桁の数で表し，上の桁と下の桁の数からなる 2 個の方陣に分けます．このとき一つの十分（必要とは限らない）条件として，上位下位の方陣がともにラテン方陣（次節参照），すなわち各行各列に $0 \sim (n-1)$ の数字が 1 個ずつ並んでいると好都合です．

例えば 3 次のおなじみの魔方陣をこのように表現すると，図1の右側のような 2 個のラテン方陣で表されます．

2	9	4
7	5	3
6	1	8

$\longleftrightarrow$

01	22	10
20	11	02
12	00	21

$\longleftrightarrow$

0	2	1
2	1	0
1	0	2

$\times$

1	2	0
0	1	2
2	0	1

図1　3次の魔方陣をラテン方陣で表現

　一般的に n 位魔方陣がいくつできるか，といった課題では，もっと一般的な魔方陣を考えますが，ここでは以下ラテン方陣にこだわります．

2.　ラテン方陣

　図1の右のように，$n \times n$ の正方形配列の各行各列に n 個の相異なる記号(この場合は $0 \sim (n-1)$ の数字)が並んでいる配列を**ラテン方陣**とよびます．この名はオイラーが上位と下位の記号にギリシャ文字とラテン文字(慣用のアルファベット)を使用した歴史的な由来です．近年流行の数独は，さらにブロックごとの条件をつけた9位のラテン方陣です．

　図1の2個のラテン方陣の組のように，両者を**重ねる**(同じマス目の2数字を併記する)とき，生ずる n^2 個の対がすべて相異なれば，両者が**直交する**といいます．ラテン方陣および直交する対には多くの研究があり，大部の解説書もあります．それについて多くの「難問」がありました．$n = 6$ のとき直交するラテン方陣が存在しないという「オイラーの士官36人の問題」がその有名な一例です．直交するラテン方陣の組があれば，それを重ねて，少なくとも縦と横の並びの数の和が同一という方陣ができます．対角線の和も工夫次第です．

第**❸**話　汎魔方陣

3	2	1	4	0
1	4	0	3	2
0	3	2	1	4
2	1	4	0	3
4	0	3	2	1

×

3	1	4	2	0
2	0	3	1	4
1	4	2	0	3
0	3	1	4	2
4	2	0	3	1

上位　　　　　　　　　下位

↕

19	12	10	23	1
8	21	4	17	15
2	20	13	6	24
11	9	22	5	18
25	3	16	14	7

↔

33	21	14	42	00
12	40	03	31	24
01	34	22	10	43
20	13	41	04	32
44	02	30	23	11

十進数表示　　　　　　　　　五進法表示

図2　5次の汎魔方陣の構成

　ラテン方陣の簡単な構成法はまず $0 \sim (n-1)$ の適当な配列を並べ，それを n と互いに素な一定値 m（$m \neq 1$ が望ましい；n が奇数なら例えば $m = 2$）ずつ巡回的にずらした列を並べる方法です．$n = 3$ の場合には本質的に図1の方式しかありません．しかし n がもっと大きい素数のときには，多数の自由度があります．図2は $n = 5$ のときの一例です．相異なる2個の配列（互いに偶置換になっている）を第1行に置き，以下一方は右に3コマ，他方は右に2コマずつ巡回的にずらせて作ったものです（いささか安直？）．

　これらを上位と下位の数字として重ねると，図2の右下の配列になります．全体に1を加えて1から25までの十進数に訳したものが，図2の左下の方陣です．これは汎魔方陣ですが，もっと多くの組についても和が同一（この場合は65）になるので，いわば**超魔方陣**（hyper-magic square）ともいうべきでしょうか？ その性質を次節でさらに調べます．

21

第1部　代数学関係

3. 超魔方陣

　図2の和を見るには十進数に訳した左下の形で計算するよりも，もとのラテン方陣のままで見たほうが明瞭と思います．上位のも下位のものもすべて次の5組の位置に0, 1, 2, 3, 4が一つずつ含まれているので，縦横の並びの和が同一になるのは当然です．前述のように左と右，上の下をつないで，はみ出したら反対側に続けます．

1° 縦の並びと横の並び(計10組；当然)

2° 左下－右上と左上－右下の対角線とそれに平行な副対角線(計10組)

3° 各マス目とその左右上下の隣の計5個(計25組)

4° 各マス目とその斜め隣の4個(計25組)

5° 2×2の小ブロックと，それに相補的な(行，列の番号が違う)3×3ブロックの中心(計25組；例えば左上隅の4個に対しては対角線上の4番目の位置)

　上記計95組の5個の数の和はすべて同一です．左下の標準形では共通の和は十進法で65です．

　1°と2°の和が同一なのが汎魔方陣ですが，これはそれ以上の性質をもちます．意図したつもりはなかった(?)のに，3°, 4°, 5°以外にさらに次の性質も成立します(左下の通例の十進法表記にして)．

(1) 任意の3×3ブロックの9個の数に中心の数を加えた和は$65 \times 2 = 130$である．

(2) 任意の3×3ブロックとその相補的な2×2ブロックの合計13個の数の和は

$$65 \times 3 - 2 \times (3 \times 3 ブロックの中心値)$$

に等しい．

(3) (2) で残りに生じる 2×3 ブロック 2 組内の 6 個の数の和は互いに等しく，その値は $65 + (3 \times 3$ ブロックの中心値$)$である．

　もしかするとまだあるかもしれません．以上は 5 という数の特殊性（例えば素数）も影響しているようですが，このように調べると，単なる普通の魔方陣よりもずっと神秘的（？）に感じます．

　これは一例で，同様の魔方陣がさらにいろいろできるでしょう．5 は素数であり，有限体 GF(5) 上の射影幾何学から，$5 - 1 = 4$ 個の互いに直交するラテン方陣が構成できます．したがってそれから 3 次元の魔立方体，4 次元の魔超立方体も構成できます．特に設問にはしませんが，その中には単なる魔立方体以上の性質（等しい和になる他の組をもつ）があるはずです．

　もちろんラテン方陣は魔方陣構成の十分条件にすぎません．士官 36 人の問題が不可能でも 6 位の魔方陣はできます．かつて中国・西安の博物館で，元時代の魔除けとして，東アラビア系の数字で書かれた 6 位の魔方陣を見た記憶があります．東西文化交流の一環でしょう．ただそのような魔方陣の構成には，一般的な理論よりも，個別な工夫が大事な場合が多いようです．

4. 7 次の汎魔方陣

　では次に $n = 7$ の場合を考えます．ラテン方陣は $0 \sim 6$ の適当な置換を作って，例えば 2 つずつ右に巡回的にずらせた並びを作ってゆけば容易にできます．同様に他の置換をとり，前とは別の数（3 とか 4）ずつ右に巡回的にずらせた並びを作れば，前のと直交するラテン方陣になります．両者を重ねて七進法の 2 桁の数を通常の十進法に直し，1 を加えて 1 から 49 までの整数にすれば，7 次の汎魔方陣になります．このとき共通の和は十進法で

$$(7^2 \times (1 + 7^2)/2) \div 7 = 175$$

23

第1部　代数学関係

となります.

　以上はむしろ平凡ですが，配列を工夫すると，縦横や対角線の並び以外に，もっと多くの7個の和が同じ値になるようにできます．例えば各マス目に対して，そこを中心とするあるパターンに含まれる7数の和が同じ値になるようにできます.

51	46	02	10	35	63	24
60	25	53	44	01	16	32
14	31	66	22	50	45	03
42	00	15	33	64	21	56
23	54	41	06	12	30	65
36	62	20	55	43	04	11
05	13	34	61	26	52	40

↔

37	35	3	8	27	46	19
43	20	39	33	2	14	24
12	23	49	17	36	34	4
31	1	13	25	47	16	42
18	40	30	7	10	22	48
28	45	15	41	32	5	9
6	11	26	44	21	38	29

図3　7次の汎魔方陣の例，
左は七進数；右は1を加えた十進数表示

　その一例を図3に示します．ここではもとになる2個の直交ラテン方陣は省略し，七進法2桁の配列と，それに1を加えて十進数に直した魔方陣を示しました．ここで縦横の並び，対角線とそれに平行な（トーラス上の）列の和28通りが同一の値175になります．さらに任意のマス目に対し，そこを中心とする3×3の方陣から左上と右下の数を除いた計7個（全体で49組）の和も同一の値になります．特に設問にはしませんが，もっと多くの同一の和を与えるパターンがあるかもしれませんので，調べて下されば幸いです.

5.　4位のミニ数独方陣（今話の設問）

　今話の設問は上述と少し異なる型です．近年流行の数独パズルについて，その解説はしませんが，そのミニ版として1〜16の数を並べた4×4の配列を考えます．各行各列（縦と横の並び）のほか，全体を

第❸話　汎魔方陣

2×2の4個のブロックに分け，左上・右上・左下・右下の各ブロック内の4数の和も同一の値(34)になるような配列を仮に「数独魔方陣」とよびます．対角線に沿う和については条件をつけませんが，それも同じ和になればなお結構です．

これは互いに直交する4次の「数独的」ラテン方陣(各行各列のほか各ブロック内に0, 1, 2, 3が1個ずつ)を構成してできます．それだけなら平凡ですが，これにも多くの性質があります．なお設問にはしませんが，5次，7次のさらに面白い「超魔方陣」や，9×9の本式の「数独方陣」に対する考察も歓迎します．発展として，5節末の課題も歓迎します．

━━━━━━━━━━━━━━━ 設問 3 ━━━━━━━━━━━━━━━

上述のような4×4の(ミニ)数独方陣を作成せよ．

━━━━━━━━━━━━━━━━━━━━━━━━━━━━━━━━━━━━━━

(解説・解答は 217 ページ)

第**4**話 　　　　　　　　　サイコロの母関数

1. 問題の発端 —— 3個のサイコロ

　確率論の初等教科書(中学2年段階)によく次のような歴史的な話が載っています.

　ルネサンス期に, 3個のサイコロを同時に振って目の和が9になる場合と10になる場合は, ともに6通りの場合があるのに, 後者のほうが少しだけ多く出るようだ；なぜか？ という問題が提出された. これに対してガリレオが解析して理論的にもその通りであることを示した. その理由は同じ出方でも(3, 3, 3)は1通りしか生じないのに, (4, 3, 3)などは3通りあり, その差を正しく判断しなかったからだ, という話です.

　3個のサイコロの目の和は3から18にわたりますが, これを全体的にまとめて計算するには, 次のようにするとよい実験になります. パソコンでもできますが, わかりやすくするために昔風にカードを使います. 3個のサイコロの目の数の組を大きさの順に(5, 3, 2)というように記したカードを(1, 1, 1)から(6, 6, 6)まで合計56枚作ります. それに目の和の数((5, 3, 2)なら10)と, 生ずる場合の数を(できれば別々の色で)記入します. (6, 6, 6)のようなゾロ目は1通り. (4, 3, 3)のような2個同一のものは3通り, (5, 3, 2)のようにすべての目が異なるのは6通り生じます. それらを書き上げたら和の値で整理し, 場合の数を合計すると表1のようになります. 確かに出る総数は, 和が10のときが, 9のときよりも僅かばかり多くなります.

2. 表1の解析

表1. 3個のサイコロの目の和

和	3	4	5	6	7	8	9	10	11	12	13	14	15	16	17	18
種類	1	1	2	3	4	5	6	6	6	6	5	4	3	2	1	1
総数	1	3	6	10	15	21	25	27	27	25	21	15	10	6	3	1

種類は目の組の数；総数は全体として生ずる場合の数

　表1の3〜8, 13〜18に対する総数1, 3, 6, 10, 15, 21は**三角数** $T_m = m(m+1)/2$ です（第1話参照）．それは偶然ではありません．3個の目の数を順序をつけて記し，合計 $6^3 = 216$ 個を順次一辺6の立方体のます目に配置します．この立方体の $(1,1,1)$ から $(6,6,6)$ へ向かう対角線に垂直な面で切った切り口が，順次の場合の総数に相当します（図1）．立方体の次の頂点までの間は切り口が正三角形で，該当するます目の総数は三角数になります．

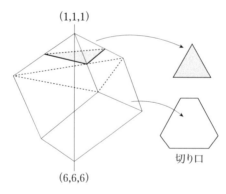

図1 立方体を立てて切る

　しかしこの操作で隣りの頂点を越えると，切り口は正三角形の頂点を切り落とした等角六角形状になります．実際9〜12の値は
$$25 = 28 - 3 \times 1,\ 27 = 36 - 3 \times 3,\quad 27 = 45 - 3 \times 6,\ 25 = 55 - 3 \times 10$$
と，逐次の三角数から小さい三角数の3倍を引いた値と解釈できます．

この部分は別の2次式で表現できます。具体的に和が k のときの場合の数は

$$-k^2 + 21k - 83 \quad (9 \leq k \leq 12) \tag{1}$$

と表されます。この式は本来の $9 \leq k \leq 12$ 以外に $7 \leq k \leq 14$ の範囲でも正しい値を与えます。

表1の「総数」の数列は、逐次の差分(階差)を作ると、2階差分が最初の4個が1、次の6個が -2、最後の4個が1とそれぞれ一定値になります。これから全体として各区間ごとに、合計3個の2次式として表されることがわかります。

3. n 面体サイコロ

n を定まった正の整数とし、1から n までの各整数が等しい確率で現れる「n 面体サイコロ」があるものとします。それを3個同時に振ったとき、目の和は3から $3n$ の範囲ですが、どのような分布になるでしょうか?

結果は表1と類似です。便宜上 $k = 1, 2$ と $3n+1, 3n+2$ に範囲を広げて、それらの場合の出方は0と約束しますと、和が k になる場合の数の列は、その2階差分の合計 $3n$ 個がちょうど n 個ずつ順次 $1, -2, 1$ となります(($1-x)^2$ の展開係数に相当)。これから「和分」(数列の和)の計算をして(途中の計算は省略)最終的に次の結果を得ます:

$1 \leq k \leq n+2$ では三角数 $(k-1)(k-2)/2$,

$2n+1 \leq k \leq 3n+2$ では別の形の三角数

$$(3n+2-k)(3n+1-k)/2,$$

$n+2 \leq k \leq 2n+1$ では2次式

$$-k^2 + 3(n+1)k + 1 - 3(n+1)(n+2)/2.$$

ここで最後の式は $n+1 \leq k \leq 2n+2$ で成立します;$n = 6$ のときが前出の式(1)に相当します。

一つ注意を要するのは最大値です。n が偶数のときは表1と同様に

第 1 部　代数学関係

$k = (3n/2) + 1$ と $(3n/2) + 2$ とで同じ最大値 $3n^2/4$ をとります．n が奇数のときは，中央の $k = 3(n+1)/2$ のときか唯一の最大値 $(3n^2 + 1)/4$ です．

以上の結果を統一的に扱うには次節で述べる「サイコロの母関数」を活用するのが便利です．

上記の式から目の和 S が中央の n 個の範囲 $n + 2 \leqq S \leqq 2n + 1$ に収まる確率を計算すると

$$n(2n^2 + 1)/3n^3 = (2/3) + 1/3n^3 \tag{2}$$

です．n が大きいとほぼ $2/3$ になります．

4.　サイコロの母関数

サイコロに目 m があるときそれを x^m で表して合計した多項式が**サイコロの母関数**です．前節の n 面体サイコロではそれは

$$f_n(x) = x + x^2 + \cdots + x^n \tag{3}$$

になります．それを m 個同時に振ったとき，目の和が k になる場合の総数は $[f_n(x)]^m$ を展開したときの x^k の係数として与えられます．

$m = 2$ のときは

$$[f(x)]^2 = x^2 + 2x^3 + \cdots + kx^{k+1} + \cdots + nx^{n+1}$$
$$+ (n-1)x^{n+2} + \cdots + 2x^{2n-1} + x^{2n} \tag{4}$$

となります．3 個のときは (4)×(3) を作って x^k の係数を調べます．x^{n+2} までが三角数になることはこの計算からもわかります．中間部分では nx^{n+1} をはさむ合計 n 個の和となり，それから前節の結果が導かれます．

そうすると $m = 4$ の（4 個のサイコロを同時に振る）ときには，(4) の 2 乗を計算すればよいわけです．このときには n の奇数・偶数とは無関係に全体が 4 個の区間に分かれ，それぞれの区間で 3 次式で表されます（その重複部分では同一の値）．

$1 \leqq k \leqq n+3$ では四面体数
$$(k-1)(k-2)(k-3)/6,$$
$3n+1 \leqq k \leqq 4n+3$ では四面体数
$$(4n+3-k)(4n+2-k)(4n+1-k)/6$$
$n+2 \leqq k \leqq 3n+2$ では $l = 2n+2-k \ (-n \leqq l \leqq n)$ とおくと
$$\frac{n(2n^2+1)}{3} - nl^2 + \left|\frac{l^3-l}{2}\right|.$$
（それぞれ $l < 0$ と $l > 0$ で，2 個の 3 次式）

出現の最大値は n の奇・偶にかかわらず $k = 2n+2$ のときの値 $n(2n^2+1)/3$ が唯一です．中央の 3 次式は $x = 2n+2$ に対して互いに対称です．

範囲を 1 から $4n+3$ に拡張し，追加した 6 点での値は 0 として目の和が k になる場合の総数の数列を作り，その 3 階差分 (計 $4n$ 個) を計算すると，ちょうど n 個ずつ順次 $1, -3, 3, -1$ ($(1-x)^3$ の展開係数) になります，これは各区間でもとの値が，それぞれ 3 次式で表されることを意味します．

和 S が $n+2 \leqq S \leqq 3n+2$ に入る確率は $n(11n^3+2n^2+n/12n^4-2)$ です．n が大きいと，ほぼ $11/12$ になります．

5. 変りサイコロ

サイコロの目の和だけを問題にするなら，通常のサイコロ以外の「変りサイコロ」の組を振っても同じ確率で目の和が得られるような組があります．これは初めて考察した人の名をとって「Sicherman サイコロ」とよばれています．ドイツ系の人物なので，ジッヒャーマン (直訳すれば確実な人) と読むのが正しいのでしょうが，普通には英語式にシチャーマンとよばれています．

$n = 4$ の四面体サイコロ 2 個では
$$1, 2, 2, 3 \qquad 1, 3, 3, 5$$

第1部 代数学関係

という目を刻んだ2個のサイコロを同時に振れば，目の和に関する限り，普通の四面体サイコロ2個の場合とまったく同じ確率です．これは

$$[f_4(x)]^2 = x^2(1+x)^2(1+x^2)^2 \quad を \quad x(1+x)^2 \quad と \quad x(1+x^2)^2 \tag{5}$$

とに因数分解し直して得られます．目に0や負の数を許さないとすれば，おのおのに x を掛ける必要があります．また四面体とするには $x=1$ のときの値が4になるようにする必要があり，(5)以外にはありません．

$n=6$ のときは同様に

$$f_6(x) = x(1+x)(1-x+x^2)(1+x+x^2)$$

のうち $1-x+x^2$ の項を一方にまとめて

$$1,2,2,3,3,4 \quad と \quad 1,3,4,5,6,8 \tag{6}$$

という目の2個のサイコロが，2個同時に振ったとき目の和が普通のサイコロ2個と同じ確率になります．(6)が元来の Sicherman サイコロです．

3個の場合にはいずれも上述の2個と普通のサイコロの組合せしか変りサイコロはできません．しかし $n=8$ のときの八面体サイコロではいろいろの変種ができます．それを今話の課題とします．

6. 今話の課題

サイコロの母関数の応用として次の課題を考えて下さい．

━━━━━━━━━━━ 設問 4 ━━━━━━━━━━━

3個の変り八面体サイコロの組で，3個同時に振ったときの和が，普通の八面体サイコロを3個同時に振ったときの和と同じ確率になるような組（しかもどれも個々のものは普通のサイコロとは違う）を求めよ．一種類だけでもよいが，できればその全部を求めよ．

（解説・解答は 219 ページ）

第5話　1次元の非周期的充填

1. 今話の趣旨

2次元の非周期的充填形であるペンローズ・タイル（準結晶）は今では
よく知られていますが，その1次元版を考えます．それには黄金分割が
典型例を与えます．

黄金分割ならびに**黄金比** $\tau = (\sqrt{5}+1)/2$ は，古代ギリシャ時代から
多量の研究成果があります．フィボナッチ数などとの関連は『現代数
学』誌にもたびたび取り上げられていますし，大部の本もあります．ま
たかという印象でしょうが，敢えて論ずることにします．なお黄金比
の慣用の記号はいくつかありますが，ここでは τ（ギリシャ字タウ）を
使います．これが $\tau^2 = \tau + 1$ を満足する唯一の正の数（もう一つは負の
$-\tau^{-1} = (1-\sqrt{5})/2$）であることに注意します．

2. 1次元の非周期的充填

1次元空間を一定長 l の線分で充填するのは容易です．長さが異なる
l, l' の2種の線分で周期的に充填するのも容易です．ここで**非周期的**
(aperiodic) というのは，まったくのランダムではなく，両者をある規制
に従って並べたのに，全体としての周期性がないという配列です．—そ
の意味で "non-periodic" とは区別しました．日本語ではむしろ「不周期
的」と訳すべきかもしれません．物性論では完全な結晶（周期的）と完全
なアモルファス（無晶）状態の中間にある**準結晶**状態に相当します．但し
準結晶そのものにはこれ以上触れません．

1次元実軸の負の側は正の側を対称に並べるとして，もっぱら正の実

第1部　代数学関係

軸 $\{0 \leqq x < \infty\}$ 上を考えます．長さを 1 と 2 とし，初めの方を次のように並べたのがその一例です：

$$1\,2\,1\,2\,2\,1\,2\,1\,2\,2\,1\,2\,2\,1\,2\,1\,2\,2\,1\,2\,1\,2\cdots \qquad (1)$$

もちろん部分的に「周期性」が見られます．本当に「非周期的」なことは，(実行不可能だが)無限列全部を調べなければわかりません．

実は (1) は黄金比 τ に正の整数 k $(=1,2,\cdots)$ を掛けた数の整数部 $a_k = \lfloor k\tau \rfloor$ をとって順に並べた列(最初に 0 を想定)

$$A = \{1, 3, 4, 6, 8, 9, 11, 12, 14, 16, 17, 19, 21,$$
$$22, 24, 25, 27, 29, 30, 32, 33, \cdots\} \qquad (2)$$

を作り，その間隔を並べたものです．以下 $\lfloor \ \rfloor$ を切り捨てた整数部の記号とします．τ が無理数なので (1) は非周期的です．

他方上記の集合 A に抜けている正の整数を順次並べると

$$B = \{2, 5, 7, 10, 13, 15, 18, 20, 23, 26, 28, 31, 34, \cdots\} \qquad (3)$$

です．これはちょうど $\lfloor k\tau^2 \rfloor$ $(k = 1, 2, \cdots)$ と表されます(後述)．

定義 1　一般に正の整数全体 $\mathbb{N}^+$ の部分集合 A, B が

$$A \cap B = \varnothing \ (\text{空集合}), \quad A \cup B = \mathbb{N}^+ \qquad (4)$$

を満たすとき，A, B を $\mathbb{N}^+$ の**分割**という．

定義 2　正の定数 α, β から

$$A = \lfloor k\alpha \rfloor, \ B = \lfloor k\beta \rfloor, \ k = 1, 2, 3, \cdots \qquad (5)$$

として作られる集合 A, B が $\mathbb{N}^+$ の分割になるとき，α, β を**共役な基数**とよぶ．

---

3. 共役な基数の基本定理

τ と τ^2 とは共役な基数の一例です，それは下記の基本定理からわかります．

第**❺**話　1次元の非周期的充填

　ペンローズ・タイルは五角形の対称性があり，黄金比が本質的な役を
果たします．しかし単に非周期的充填というのであれば，黄金比は唯一
ではなく，むしろ典型的な有用例というべきです．1次元の非周期的充
填は任意の共役な基数の対から，前節の例と同様に構成できます．

定理1　α, β が共役な基数の対，すなわち (5) が $\mathbb{N}^+$ の分割を与える
ための必要十分条件は，α, β が無理数で，かつ次式が成立することで
ある．

$$\frac{1}{\alpha} + \frac{1}{\beta} = 1 \tag{6}$$

証明　（必要性）　十分大きい整数 n 以下の整数で，$\lfloor k\alpha \rfloor$ の形に表さ
れるものの個数を l とすると

$$(l-1)\alpha < n, \quad (l+1)\alpha > n+1$$

である．同様に $\lfloor k\beta \rfloor$ の形に表される整数が m 個なら

$$(m-1)\beta < n, \quad (m+1)\beta > n+1$$

である．両式をそれぞれ α, β で割って加えると

$$l + m - 2 < n\left(\frac{1}{\alpha} + \frac{1}{\beta}\right),$$

$$(n+1)\left(\frac{1}{\alpha} + \frac{1}{\beta}\right) < l + m + 2$$

となる．重複も洩れもない分割なら $l + m = n$ だから

$$\frac{n-2}{n} < \frac{1}{\alpha} + \frac{1}{\beta} < \frac{n+2}{n+1} \tag{7}$$

を得る．もしも (6) が成立しなければ，(7) で n を十分大にすると矛盾を
生じる．さらに α, β が有理数ならば，分母の最小公倍数の倍数を乗じた
数の所で重複を生じる．□

　（十分性）　$0 < \alpha < \beta$ したがって $1 < \alpha < 2 < \beta$ としてよい．まず重複
が生じてないことを示す．もしも $n \in A \cap B$ とすると，

$$n = \lfloor k\alpha \rfloor = \lfloor l\beta \rfloor \Rightarrow$$

$$n < k\alpha < n+1, \; n < l\beta < n+1$$

である．後式の2式をそれぞれ α, β で割って加えると

35

第1部　代数学関係

$$n = n\left(\frac{1}{\alpha} + \frac{1}{\beta}\right) < k + l < (n+1)\left(\frac{1}{\alpha} + \frac{1}{\beta}\right)$$
$$= n + 1$$

となる．これは相隣る整数 n と $n+1$ との中間に，整数 $k+l$ が存在することになって矛盾である．

　表現できることは，もしも $n \notin A$ なら $\alpha < 2$ から

$$\text{ある } k \text{ で } k\alpha < n < n+1 < (k+1)\alpha \tag{8}$$

となる．天降り的だが $b = (n-k)\beta$ とおくと，(6) から $\beta = \alpha/(\alpha-1)$ と表され，(8) によって

$$b - n = (n-k)\frac{\alpha}{\alpha-1} - n = \frac{n - k\alpha}{\alpha-1} > 0,$$

$$(n+1) - b = (n+1) - (n-k)\frac{\alpha}{\alpha-1}$$

$$= \frac{(k+1)\alpha - (n+1)}{\alpha-1} > 0$$

となる．これから $\lfloor b \rfloor = n$，すなわち $n \in B$ を得る．□

　τ と τ^2 が (6) を満足することは，$\tau^2 = \tau + 1$ を τ^2 で割った式 $\tau^{-1} + \tau^{-2} = 1$ から確かめられます．これが典型例ですが，他にも「白銀比」($\sqrt{2}$ と $2+\sqrt{2}$) など多くの実例があります．

> **注意**　定理1は日本では「ウィノグラドフの定理」とよばれることが多かったようです（私も以前そう使っていた）．これは彼の解説書によるもののようですが，この事実を最初に注意した人物の名で**レーリーの定理**とよぶのが正当と思います．

4.　無限の恐ろしさ（？）

　(5) で生成される分割 A, B で (2)，(3) のような具体式(最初の部分)が与えられたとき，それらを与える基数 α, β が定まるでしょうか？

　A, B の k, l 番目の数がそれぞれ a_k, b_l ならば

$a_k < k\alpha < a_k + 1$, $b_l < l\beta < b_l + 1$, すなわち

36

$$a_k/k < \alpha < (a_k+1)/k, \ b_l/l < \beta < (b_l+1)/l \tag{9}$$

です．(2)，(3)の列から(9)の限界を求めると最良値として

$$21/13 < \alpha < 34/21, \quad 34/13 < \beta < 21/8$$

が求められます．これらがフィボナッチ数列と関連しているのは偶然ではありません．k, l を大きくすれば，いくらでも α, β を狭い区間内に評価できます．

しかしいくら狭い区間に限定しても，その中に無理数 α, β は無限にあります．α, β を一意的に確定するには，「無限列全部」を知らなければなりませんが，これは実行不可能です．いまさらいうのもおかしいが，何か「無限の恐ろしさ(？)」を感じました．

5. 一つの応用——ワイトホフのニム

> **定義 3** 次のゲームを**ワイトホフのニム**という．
> 2個の石の山を作り，甲乙2人が交互に石を取る．毎回少なくとも1個取るが，その取り方は次のいずれかである：
>
> （ⅰ） 1個の山からは，任意個数(全部でも)取ってよい．
>
> （ⅱ） 2個の山にまたがっている取るときは，両方から同数の石を取る．最後に石を全部とって，残りをなくしたほうが勝ちである．

以前には**チャヌシッツィ**ともよばれていました．この名は中国語で「選石」(チャンシェク)のローマ字書きを，ロシア語風に読んだものです．

このゲームは次のものと同値です：

上と右に無限に拡がるチェス盤上に女王(クイーン；飛車＋角行の動きをする駒)を1個置く．2人で交互に女王を下，左または左下に正規の動かし方で移す(必ず1コマは動かす)．最後に左下の隅のマス目に入れたほうが勝ちである．

このとき次の結果が成立します．

第 1 部　代数学関係

> **定理 2**　ワイトホフのニムの良形（必勝形）は，両方の山の石の数が
> ある正の整数 k により $(\lfloor k\tau \rfloor, \lfloor k^2\tau \rfloor)$ と表される場合である．すなわち
> 最初にこの形の一つ（ある k に対する値）にして，以後つねにこの形に
> なるように工夫すれば（それが可能），先手必勝である．

　当初の表題からはだいぶ外れましたが，一つの応用として，定理 2 の
証明を**今話の設問 5** とします．改めて設問として枠に入れて揚げません
が，趣旨はおわかりと思います．

（解説・解答は 221 ページ）

校正の折に追加

　ワイトホフのニムは，すぐ前に述べた通り，チェス盤上でクィーンを
左下の隅に移すゲームと同値です．ここでコマを竜王，すなわち上下左
右には自由に動けるが，斜には 1 コマしか動けないコマに変えると，話
がまったく変ります．これもかつて数学検定に出題されました．その
ときの**良形**は完全に周期的で，次の形に表されます．ます目の座標を
(m, n) とします．

　条件：$|m-n| \leqq 1$，かつ $m+n$ が 3 の倍数，すなわち $(3\ell, 3\ell)$ と
$(3\ell+1, 3\ell+2)$（逆順でも可）の組．

　斜に 2 コマまで動いてよいとしても，結果は同じです．規則を「少し
だけ」（？）変更すると，良形のパターンがまったく変るのは（私にとって
は）意外でした．

第❻話　アイゼンスタイン数

1. 発端―ある設問

　4個の整数 a, b, c, d で
$$(a+b+c+d)^2 = a^2+b^2+c^2+d^2 \tag{1}$$
を満足する組を考えます．あわて者はそんな整数の組があるのかと目をむくでしょう．a,b,c,d がすべて**正の**整数なら(1)は成立しません．しかし0や負の数を含めれば，例えば
$$(1,1,1,-1), (2,2,0,-1),$$
$$(4,2,1,-2), (5,3,-1,-1)$$
などいくらでも解があります．無限個あることも
$$(k^2, k\ell, \ell^2, -k\ell) \quad (k, \ell \text{ は正の整数})$$
という組がすべて(1)を満足することから明らかです．なお解答編末尾の付記参照．

　もしさらに a,b,c,d が互いに素なら3個の和(例えば $a+b+c$)の絶対値が m^2+mn+n^2 (m,n は整数) の形に表されることを証明せよ，という課題が Amer. Math. Monthly (の Monthly Problem に) にありました．これを今話の設問にします(後述)．なおここで「互いに素」というのは，「任意の2数対が互いに素」というよりも弱く，全体の公約数が1以外にないという条件です．

　以下整数 m, n により m^2+mn+n^2 の形に表される正の整数を **E 数** (Eisenstein にちなむ) とよぶことにします．初めナゴヤ三角形(前著第6話)にちなんで「ナゴヤ数」とよぶことも考えましたが，758が条件を満たさないので，これはやめました．後述のように「$p \equiv 1 \pmod 6$ である素数は E 数」です．近年の西暦年数で例を挙げると，次のとおりです：

第1部　代数学関係

（例1）

$$1993 = 32^2 + 32 \times 19 + 19^2,$$
$$1999 = 42^2 + 42 \times 5 + 5^2,$$
$$2011 = 39^2 + 39 \times 10 + 10^2, \tag{2}$$
$$2017 = 41^2 + 41 \times 7 + 7^2$$
$$2029 = 27^2 + 27 \times 25 + 25^2$$

　以前に上の「　」内の事実を黙って述べて (2) の形の表現を問題にした
ことがありました．するとその証明を求められました．長くなるからと
いって逃げて（？）いましたが，この機会にその証明を与えます．これは
実数の範囲でもできますが，以下複素整数を使い，整数論の基本的な諸
結果を既知とします（それらは結果だけを述べる）．

　冒頭の(1)では左辺を展開して整理すると

$$ab + ac + ad + bc + bd + cd = 0 \tag{1'}$$

ですが，これに $a^2 + ab + b^2$ を加えると

$$(a+b+c)(a+b+d) = a^2 + ab + b^2 \ (E \text{ 数}) \tag{3}$$

となります．したがって E 数をうまく 2 個の E 数の積に分解できれば，
前記の設問の解答になります．

　その前に 3 個の和の「絶対値」でなく，和そのものがすべて**正**である
として一般性を失わないことに注意します．以下では a, b, c, d 全部が 0
の場合は論外として，$(a, 0, 0, 0)$ $(a \neq 0)$ という自明な組も除外します．
すると a, b, c, d のうち 0 は高々 1 個です．もしも $c = d = 0$ なら (1) から
$ab = 0$ となり，a または b も 0 で，3 個が 0 という除外した場合になる
からです．

　そこで必要なら各値の符号を一斉に変えて $a+b+c+d > 0$ としま
す（2 乗が $a^2 + b^2 + c^2 + d^2 > 0$ に等しいから 0 ではない）．このとき
$a^2 + ab + b^2$ などの 2 個の組の和はすべて真に正で等式 (3) から $a+b+c$
と $a+b+d$ は同符号です．同様に $a+c+d$, $b+c+d$ もそれらと同符号
ですが，この 4 数の和が $3(a+b+c+d) > 0$ なので，すべてが正です．

　以上を前提として，まず E 数そのものの基本性質から始めます．

40

2. E 数の基本性質

補助定理 1

$$m^2 + mn + n^2 = (m+n)^2 - (m+n)n + n^2$$
$$m^2 - mn + n^2 = (m-n)^2 + (m-n)n + n^2$$

(4)

系 E 数を表す整数 m, n は正の数：$m \geqq n \geqq 0$（但し $m = n = 0$ を除く）に限定してよい.

略証 (4) は直接計算による. 系は $m > 0 > n$ ならば必要に応じて m, n を交換して $|m| \geqq |n|$ としてよい. そのとき (4) により $m + n \geqq 0$ と $-n > 0$ とで表現し直せばよい. □

補助定理 2 k, ℓ, m, n を非負の整数として
$$(k^2 + k\ell + \ell^2)(m^2 + mn + n^2)$$
$$= (km - \ell n)^2 + (km - \ell n)(kn + \ell m + \ell n) + (kn + \ell m + ln)^2 \quad (5)$$

系 1 E 数の積は E 数である.

系 2 $\quad 3(m^2 + mn + n^2) = (m + 2n)^2 + (m + 2n)(m - n) + (m - n)^2$ (6)

略証 (5) の右辺を展開整理すれば
$$k^2 m^2 - 2k\ell mn + \ell^2 n^2 + k^2 mn - \ell^2 n(m+n)$$
$$+ k\ell[(m+n)m - n^2] + k^2 n^2 + \ell^2 (m+n)^2 + 2k\ell n(m+n)$$
$$= k^2(m^2 + mn + n^2) + k\ell(m^2 + mn - n^2 + 2n^2)$$
$$+ \ell^2[(m+n)^2 - n(m+n) + n^2]$$
$$= (k^2 + k\ell + \ell^2)(m^2 + mn + n^2).$$

である. 系 1 は (5) から明らか, 系 2 は直接に右辺を展開してもよいが, (5) で $k = \ell = 1$ と置けば (6) になる. □

第1部 代数学関係

注意 補助定理2は，上のように計算すれば正しいので文句はありません が，左辺から右辺を求めるのは，一見天降り的です．しかしこれは複素数を活用すると，以下のように自然に導かれます．

1の虚3乗根を $\omega = -\dfrac{1}{2} + \dfrac{\sqrt{3}}{2} i$ とおくと，

$\omega^2 = \bar{\omega}$, $\omega + \omega^2 = -1$, $\omega \cdot \omega^2 = 1$ などから

$$m^2 + mn + n^2 = (m - n\omega)(m - n\omega^2),$$
$$k^2 + k\ell + \ell^2 = (k - \ell\omega)(k - \ell\omega^2)$$

です．両者の積を作り，初めの項どおしの積に対して

$$(k - \ell\omega)(m - n\omega) = km + \ell n\omega^2 - (kn + \ell m)\omega$$
$$= (km - \ell n) - (kn + \ell m + \ell n)\omega$$

に注意します．$\omega^4 = \omega$, $\omega^2 = \omega^4 = -1$ などを使うと同様に

$$(k - \ell\omega^2)(m - n\omega^2) = (km - \ell n) - (kn + \ell m + \ell n)\omega^2$$

です．この両者を掛ければ，補助定理2の公式(5)が導かれます．□

補助定理3 もし E 数 x が相異なる形2通りに
$$x = k^2 + k\ell + \ell^2 = m^2 + mn + n^2$$
$$(k, \ell, m, n > 0; \{k, \ell\} \neq \{m, n\})$$
と表されたら，x は合成数である．

略証 $k > m > n > \ell > 0$ として一般性を失わない．
$$u = km - \ell n > 0, \quad v = kn - \ell m > 0$$
とおくと $u < km < k^2 < x$, $v < kn < k^2 < x$ だが
$$0 < uv = (k^2 + \ell^2)mn - (m^2 + n^2)k\ell$$
$$= x(mn - k\ell)$$

だから，uv は x の倍数である．x が素数なら，x 未満の正の整数 u, v の積が x の倍数になることはあり得ない．すなわち x は合成数である．

42

しかも x と u, v との最大公約数の計算により（互除法による）x の因数がわかる．□

例2 $133 = 9^2 + 9 \cdot 4 + 4^2 = 11^2 + 11 \cdot 1 + 1^2, \ 11 > 9 > 4 > 1$

$u = 95, \ v = 35$ となり，互除法によって，133 の約数 19 と 7 がわかります．

補助定理4 E 数を 3 で割ると余りは 0 か 1 である．

系 $x \equiv 2 \pmod 3$ なら x は E 数ではない．

略証 $m^2 + mn + n^2 = (m-n)^2 + 3mn$ であり，$a^2 \equiv 0$ か $1 \pmod 3$ である．□

なお $n = 0$ として完全平方数 m^2 も E 数とみなします．また m, n が互いに素なら $m^2 + mn + n^2$ は奇数なので，完全平方数でも 3 の倍数でもない E 数は $\equiv 1 \pmod 6$ です．

3. アイゼンスタイン整数 (1) 一般論

k, l を普通の整数（有理整数）として

$$\alpha = k + \ell\omega,$$
$$\omega = (-1 + \sqrt{3}\,i)/2 \quad (\omega^2 + \omega + 1 = 0)$$

の形に表される複素数を**アイゼンスタイン整数**といい，その全体を $\widetilde{\mathbb{Z}}$ と表します．以下その要素をギリシャ文字で表します．但しここでは $\iota = (1 + \sqrt{3}\,i)/2 = 1 + \omega$ を基底にとり $m + n\iota$ の形を標準形にします．

$\widetilde{\mathbb{Z}}$ は可換な環（加・減・乗法が普通にできる体系）です．但し除法は必ずしもできないので**整除**（割り切れる）の概念が考えられます．その要素 $\alpha = m + n\iota$ に対し，$N(\alpha) = m^2 + mn + n^2$ を α の**ノルム**とよびます

43

第1部　代数学関係

（それ自身は E 数）．積公式 $N(\alpha\beta) = N(\alpha) \cdot N(\beta)$ は直接計算して確かめられます（式(5)の形）．

ノルムが1である数は**単数**とよばれ，次の6個がそれに該当します．

$$1, \iota, \omega = \iota^2 = \iota - 1, \quad -1 = \iota^3, \quad -\iota = \iota^4, \quad -\omega = \iota^5 = \overline{\iota} \tag{7}$$

単数はすべての $\alpha \in \widetilde{\mathbb{Z}}$ の約数です．比が単数である2数 α, β は**同伴数**とよばれ，しばしば同一視されます．単数でなく，単数と自分自身の同伴数以外に約数のない数が $\widetilde{\mathbb{Z}}$ の**素数**です．

定理5　$\widetilde{\mathbb{Z}}$ では「余りのある割り算」ができる．

すなわち $\alpha, \beta \in \widetilde{\mathbb{Z}}$, $\beta \neq 0$ に対して

$$\alpha = \lambda\beta + \gamma, \quad 0 \leqq N(\gamma) < N(\beta) \tag{8}$$

を満足する $\lambda, \gamma \in \widetilde{\mathbb{Z}}$ が（一意的とは限らないが）存在する．

略証　$\widetilde{\mathbb{Z}}$ の要素は複素数平面全体で正三角形状の格子点をなし，複素数 α/β はいずれかの正三角形（周もこめて）Δ に含まれる．Δ の頂点 λ をうまくとれば $|\lambda - \alpha/\beta| < 1$（実は $\leqq 1/\sqrt{3}$）にできる．$\lambda - \alpha/\beta = \kappa$, $-\beta\kappa = \gamma$ とおけば，$N(\gamma) = |\gamma|^2 < |\beta|^2 = N(\beta)$ で，(8)が満足される．□

商と余りの関係は(8)の第1式ですが，第2式（何らかのスケールで余り γ は除数 β よりも小さい）を忘れてはいけません．

このような「余りのある割り算」ができる可換な（単位元があって零因子がない）環は**ユークリッド整域**とよばれ，任意の2数 α, β の最大公因子が互除法（有限回で完了）によって計算できます．その結果として「素因数分解の一意性」が成立します．これが整数論の基本理論であり，多くの教科書に記述がありますが，ここでは説明を略し，次の結果だけを述べます．その略証を解答編に付記しました．

44

第**❻**話　アイゼンスタイン数

定理6　アイゼンスタイン整数 α は次の意味で（積の順序を無視し，同伴数を同一視して）**一意的に**素因数分解される．すなわちもしも α が2通りに素因数の積

$$\alpha = \kappa_1 \kappa_2 \cdots \kappa_m = \pi_1 \pi_2 \cdots \pi_n \tag{9}$$

と表されたら，$m = n$ であり，$1, \cdots, n$ のある置換 $k(1), \cdots, k(n)$ によって κ_j と $\pi_{k(j)}$ $(j = 1, \cdots, n)$ とが互いに同伴数になるようにできる．

□

---

4. アイゼンスタイン整数（2）その素数

定理7　ノルム $N(\alpha)$ が普通の素数である α は素数である．

略証　$\alpha = \beta\gamma$ とすると $N(\alpha) = N(\beta) \cdot N(\gamma)$ が素数 p だから，右辺のノルムの一方が1，他方が p である．前者は単数，後者は α の同伴数で，それしか約数がない．□

定理8　$p \equiv 2 \pmod 3$ である正の素数 p（実は $p = 2$ と $p \equiv -1 \pmod 6$）は $\tilde{\mathbb{Z}}$ でも素数である．

略証　p の真の約数 α（があればそれ）は実数でない $\alpha = a + b\iota$ である．$N(\alpha)$ は $N(p) = p^2$ の約数だが，α が単数でないから p^2 か p である．前者なら $p = \alpha \cdot \beta$ としたとき $N(\beta) = 1$ で β は単数，α は p の同伴数である．後者なら $p = a^2 + ab + b^2$（E 数）だが，$p \equiv 2 \pmod 3$ は補助定理4系に反する．□

定理9　$p = 3$ と $p \equiv 1 \pmod 6$ である正の素数 p は，$\tilde{\mathbb{Z}}$ では素数でなく，$p = (a + b\iota)(a + b\overline{\iota})$ と素因数分解される．

系　$p \equiv 1 \pmod 6$ である正の素数 p は $a^2 + ab + b^2$ の形に一意的に表

45

第1部　代数学関係

され，E 数である．

略証　$p=3$ は $1^2+1\times1+1^2=(1+\iota)(1+\bar{\iota})$ $(\bar{\iota}=(1-\sqrt{3}\,i)/2)$ と表され，$N(1+\iota)=3$ は素数，だから $1+\iota$ は $\tilde{\mathbb{Z}}$ の素数である．

　$p\equiv1\,(\mathrm{mod}\,6)$ である素数 p については，（$\mathrm{mod}\,p$）の体系 $\mathbb{Z}_p=\{0,1,2,\cdots,(p-1)\}$ が有限体で，$\mathbb{Z}_p-\{0\}$ が乗法群として巡回群であること（原始根の存在）を既知とする．$p-1$ が 3 の倍数だから原始根の $(p-1)/3$ 乗（またはその 2 乗）として 1 の 3 乗根 $r\neq1$ $(r^3\equiv1\,(\mathrm{mod}\,p))$ が存在する．$r^2+r+1\equiv0\,(\mathrm{mod}\,p)$ なので，r または $r^2\,(\mathrm{mod}\,p)$ の一方は $p/2$ 以下である．$r<p/2$ として一般性を失わない．$\tilde{\mathbb{Z}}$ 中で $p=p+0\iota$ と $\beta=r+\iota$ との最大公因子 $\alpha=a+b\iota$ を求める．さらにこのとき通常の互除法と同様な操作で，$\lambda p+\mu\beta=\alpha$ を満たす $\lambda,\mu\in\tilde{\mathbb{Z}}$ が求められる．

　α は p の約数だから $N(\alpha)$ は $N(p)=p^2$ の約数になるが，$N(\alpha)<N(p)$ $(p\geq7)$ であって

$$N(\alpha)\leq N(\beta)=r^2+r+1\text{ は }p\text{ の倍数}$$

だから $N(\alpha)=1$ か p である．前者とすると α は単数なので $\alpha=1$ としてよい．$\lambda=k+l\iota,\ \mu=m+n\iota$ と表すと $\lambda p+\mu\beta=1$ から，1 と ι の係数を比較して次のようになる．

$$kp+mr-n=1,\quad lp+m+nr+n=0 \tag{10}$$

(10) の前式に $r+1$ を掛けて後式と加えると

$$(kr+k+l)p+m(r^2+r+1)=r+1$$

となる．左辺は p の倍数だが，右辺は $1<r+1<(p/2)+1<p$ となり，矛盾になる．したがって $N(\alpha)=p=a^2+ab+b^2$ である．α はノルムが素数だから $\tilde{\mathbb{Z}}$ の素数である．補助定理 1 系により，$a,b>0$ としてよく，$p=(a+b\iota)(a+b\bar{\iota})$ と素因数分解される．系での一意性は補助定理 3 による．□

　この証明は具体的に $p=m^2+mn+n^2$ である m,n を求める算法をも与えています．ただ p がごく小さな数のとき以外（例えば例 1 など）は，

46

実際の計算はコンピュータの助けをかりないと，手計算では難しいでしょう．

以上の議論から $\tilde{\mathbb{Z}}$ での素数はまとめると次のようになります：

（ i ）2 および $p \equiv -1 \pmod 6$ である通常の素数 p とその同伴数．

（ii）$1+\iota$ および $p \equiv 1 \pmod 6$ である通常の素数を a^2+ab+b^2 と表したときの $a+b\iota$, $a+b\overline{\iota}$ とその同伴数．

なお 3 に対する $1+\overline{\iota} = \overline{\iota}(1+\iota)$ は $1+\iota$ の同伴数です．共役複素数がもとの α と同伴数になる真の複素素数は $\alpha = \pm 1 \pm \iota$ だけです．

5. 今話の設問

冒頭に述べた次ページの命題の証明です．

これについては冒頭の式(3)から，次の諸命題を証明すればよいことになります．

1° 正の整数 x が E 数であるための必要十分条件は，x を $s^2 \cdot p_1 \cdots p_k$ の形に素因数分解してまとめたとき（s は 2 乗の項で s 自身は合成数でもよい），p_i が空（x が完全平方数）であるか，またはすべて E 数の素数（3 か $p_i \equiv 1 \pmod 6$）となることである．なお当然の話だが，素因数分解した各数はすべて正とする．

2° E 数 x が E 数でない素数の約数 q をもてば x は q^2 で割り切れ，$x = m^2 + mn + n^2$ と表す m, n がともに q で割り切れる．

3° E 数 x が，少なくとも一方が E 数でない s と t の積に分解されれば，s と t とは互いに素でなく，両者は E 数でない公約数をもつ．

このような手順を踏まないもっと直接的な証明も歓迎します．

第1部　代数学関係

━━━━━━━━━━━━━━━━━━━━━━━━　設 問 6　━━━━━━━━━━━━━━━

　　a, b, c, d が互いに素（それらの絶対値全体の正の公約数が 1 だけ）な
整数であり

$$a^2 + b^2 + c^2 + d^2 = (a + b + c + d)^2 \qquad (1)$$

を満足すれば，3 個の和，例えば $a + b + c$（すべて正と仮定してよい）が
E 数であることを証明せよ．

（解説・解答は 223 ページ）

第❼話　　方程式論の基本定理

1. 標題の意味

標題は以前には「代数学の基本定理」とよばれた（現在もそうよぶ人が多い）次の定理です：

> **定理 1**　任意の（複素数係数の）代数方程式は，複素数の範囲に必ず解をもつ.

これはある意味では驚くべき結果です. もともと（実数係数の）2次方程式につねに解があるようにするため，実数体に $i = \sqrt{-1}$ を「添加」した拡大体（複素数体）の中に，3次，4次，…方程式の解もすべて存在する；それ以上新種の数を考える必要はないと断言しているからです.

現在改名するほうがよいと考えられるのにはいくつかの理由があります. 近年の「代数学」が方程式論から一般的（抽象的）代数系の理論に転換したことと，この命題自身の証明にはなんらかの形で「実数の連続性」が不可欠であり，「代数学自体の定理」とはいい難いことなどが，その主な理由です.

今話の趣旨はささやかな歴史的な展望の後，「簡単な」証明を示すことです. 多くの優れた解説書がしばしばもったいぶって（?），「こういう大定理があるが証明は難しい」と逃げている（?）欠を補おうと思ったからです. もちろんその「歴史」はそれだけで一冊の本になる位の話題であり，ここでは表面をなでただけです. 将来新しい研究によって「通説」が改められる可能性もあるかもしれません. その歴史を辿ると，数学での「証明」の発展 ——ある時代に自明とされた事実が，証明を要する定理と自覚され，その証明が試みられたという発展の歴史—— の一面が伺われる

第1部 代数学関係

ようです.

なお本話の内容は,「代数学」というよりもむしろトポロジー(幾何学)や複素関数の話ですが,歴史的な関連もあるので,代数編に収録しました.

2. 方程式論の基本定理小史

ヨーロッパでは永らく古代ギリシャ以来の伝統もあって,負数に疑念をもっていました.まして負数の平方根などあり得ない数 ——imaginary number(直訳すれば「想像上の数」)—— でした.しかし2次方程式はもちろん,3次方程式の解法でもそのような数を考えざるを得ない(少なくとも考えると便利な)場面がありました.ルネサンス期に3次,4次方程式の解法が完成すると,早くも慧眼な学者は,代数方程式を解くためには $\sqrt{-1}$ を考えるだけで十分であり,それ以上「新種の数」を導入する必要はないと感じたようです.このことを初めて明言したのはアルベール・ジラール(1626年)とされています.

当初は「予想」にすぎませんでしたが,18世紀になって,ダランベール・オイラー・ラグランジュ・ラプラスなど当時の最高の数学者達が相次いで「証明」を考えました.但しそれらは今日の眼で見ると難点が多数ありました.

普通にはガウスが学位論文(1798年)で先人達の「証明」を厳しく批判し,「初めて完全な」証明を与えたとされています.それに異を唱えるのではありません.しかし現在ではその少し前のラプラスの証明は,表現に難があったものの合理化が可能で,事実上証明されていた;またガウスの証明も,多項式の実部が0と虚部が0の両曲線が交わるという論法だが,そこに下記の「ジョルダンの曲線定理」を自明の理として使っているので,厳密性の点からは五十歩百歩だった(?)と考えられています.

ラプラスの証明は「解があると仮定すれば」それは $a+bi$(複素数)の

50

形で表されるという論法です．この「　」内の文章が循環論法ではないかというのが批判の的でした．しかし現在では抽象的な解はいつでも構成できる（存在を仮定してよい）ことが確かめられています．

ガウスの証明は実用上では大変に有用です．現にコンピュータ・グラフィクスが発展しつつあった時代（1960-70年代）に，存在証明としてではなく，解の近似値計算の手法として，同様の論法が何度か再発見されています．他方ジョルダンの曲線定理（平面上の**単一閉曲線** C は平面を内外に分ち，内部の点と外部の点を結ぶ曲線は必ず C と交わる）が定式化され，その証明が試みられたのは19世紀の末でした．これも永らくジョルダン自身の証明は不完全で，完全な最初の証明は，10年程後のウェブレンによる，とされていました．しかし現在では後者の証明が簡明だが，ジョルダンの証明も「説明不足」だっただけで，合理化可能と考えられています．そしてこの定理の「厳密な」証明はことの他厄介です．

ガウスもその点に気付いて，後年さらに方程式論の基本定理に3通りの別証をしております．

私達が（旧制）高校の学生の頃に習ったのはコーシーの証明でした．複素関数論の初歩を使って，次の定理を示す方法です．

定理2　多項式 $p(z)$ $(z = x + iy)$ がある点 z_0 で $p(z_0) \neq 0$ なら，z_0 の近くに $|p(z_1)| < |p(z_0)|$ である点 z_1 が存在する．

コーシーはテイラー展開の評価に相当する計算によってこれを示しました．定理1の証明は「$p(z)$ が0にならなければどこかで $|p(z_0)|$ の最小値がある」；それが0でなければ定理2と矛盾する，という論法です．実はこの「　」内の命題をコーシーは完全に証明してはいませんが，後にワイエルストラスがこれを証明して完全な証明になりました．但し定理2自体のコーシーによる証明は，厳密だが複雑な計算に基づき，極度に技巧的で，余り「エレガント」とはいえません．

今日「最も簡単な」証明とされているのは，次のリュービルの定理（1830年代）に基づく証明です：

第1部　代数学関係

> **定理3**　複素数平面全体で有界な正則（微分可能）な関数は定数に限る.

　これによると次のように簡単に証明できます.

　もしも多項式 $p(z)$ が 0 にならなければ, その逆数 $1/p(z)$ は複素数平面全体で正則であり, 遠くで値が 0 に近づくので有界である. すると $1/p(z)$ は定数となって矛盾となる. □

　但し「存在しないと仮定すると矛盾が生じる」というだけで「存在証明」といってよいか, という哲学的（？）な議論が, 特に排中律を認めない「直観主義」系列の人々から提出されました. ガウスやコーシーの証明が, ともかく（近似的にでも）解のある場所を指定しようと努力しているのに対して, 確かに気になります. 極論すれば「神様がいないと仮定すると不都合が生じるから神が存在する」という議論と五十歩百歩（？）だという印象があります.

　以下ではリュービルの証明の改良版と, 回転指数の考え方に基づく「直観的な」証明を解説します.

3. 一つの証明（コーシーの積分定理の応用）

　次の命題は複素関数論の基本定理とされるコーシーの積分定理の特別な場合で, 一応既知とします.

> **定理4**　$f(z)$ が複素数平面全体で正則ならば, その上の任意の閉曲線 C に沿う線積分 $\displaystyle\int_C f(z)dz = 0$ である.

　もしも「正則」という条件を少し強くして,「微分可能で導関数が連続」という意味とすれば, 定理4は直接に 2 実変数関数の線積分に関するグリーンの定理によって容易に証明できます.

第**7**話　方程式論の基本定理

定理 4 を既知とすると次の定理が示されます.

定理 5　$f(z)$ が複素数平面全体で正則ならば，$|z| \to \infty$ のとき $zf(z)$ が 0 でない有限の定数 a に近づくことはあり得ない.

証明　そうなったとすると，原点を中心とし十分大な半径 R の円周 $C : z = Re^{i\theta}$ に沿う線積分 $\int_C f(z)dz$ は a/z の積分値に近く

$$\int_C f(z)dz \sim \int_C \frac{a}{z}dz = a\int_0^{2\pi} e^{-i\theta}ie^{i\theta}d\theta = 2\pi i a \tag{1}$$

となる. しかし定理 4 により左辺は 0 だから，$a \neq 0$ なら矛盾である. □

これから，目的の定理 1 は次のように証明できます.

定理 1 の証明　$p(z) = a_n z^n + a_{n-1} z^{n-1} + \cdots + a_1 z + a_0 \ (a_n \neq 0)$ が複素数平面上のどこでも 0 にならないとする. そうすると $f(z) = z^{n-1}/p(z)$ は複素数平面全体で正則だが，

$$zf(z) = z^n/p(z) = 1/(a_n + a_{n-1}z^{-1} + \cdots + a_0 z^{-n}) \tag{2}$$

は $|z| \to \infty$ のとき 0 でない定数 $1/a_n$ に近づくことになり，定理 5 に反する. □

なおリュービルの定理 3 自体も定理 5 の系として証明できます. 余り知られていない（？）証明なので，合わせて紹介しておきます：

定理 3 の証明　$f(z)$ が定数でなければ，$c = f'(\alpha) \neq 0$ である点 α がある. $g(z) = [f(z+\alpha) - f(\alpha)]/z$ とおけば，$z \to 0$ のとき $g(z) \to f'(\alpha) = c \neq 0$ だから，$g(0) = c$ とおけば，除去可能な特異点 $z = 0$ もこめて $g(z)$ は複素数平面全体で正則である. しかも $|f|$ が有界なので $|z| \to \infty$ のとき $g(z) \to 0$ である. さらに $h(z) = [g(z) - g(0)]/z$ とおけば，$z \to 0$ のとき $h(z) \to g'(0)$ で，$h(0) = g'(0)$ とおけば $h(z)$ は複素数平面全体で正則になる. さて $zh(z) = g(z) - g(0)$ だが，$|z| \to \infty$ のとき

53

前述のように $g(z) \to 0$ なので，$zh(z) \to -g(0) = -c \neq 0$ となる．この結果は定理 5 と矛盾する． □

以上の証明が恐らく「最も簡単」でしょうが，それでもいくつか複素関数論の基礎知識を必要とします．やや厳密性に欠けるが「初等的な」証明は，曲線の回転指数の考え方を活用する方法です．但し複素関数の初歩を活用して回転指数の概念を厳密に構成して，これを「完全な証明」にすることは可能で，その部分を今話の課題とします(後述)．

4. 回転指数による証明

> **定義 1** 平面上の閉曲線 (有向とする) C とその上にない一点 α に対し，C の α の周りの**回転指数** $N(C;\alpha)$ とは，α に自由に回転できるテレビカメラを据えつけ，C 上の一定点 p_0 から出発して C 上を与えられた向きに沿って一周し，出発点 p_0 を終点とするランナーをカメラで追ったとき，最終的にカメラが軸のまわりを何回まわったかを表す回数(向きをつけた正負の整数値)である(図1)．

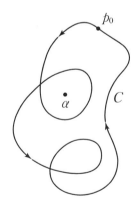

図1　回転指数の例　この例では $N(C;\alpha) = 2$

第**7**話　方程式論の基本定理

注意1　この定義は直観的で余り厳密ではありませんが，後述のように厳密に再定義できます．なお C は単一曲線でなくてもよく，また連続ならば滑らかでなくてもよいのですが，一応区分的に滑らか(連続的に微分可能)と仮定し，平面を複素数平面と考えます．

注意2　もとの用語は winding number で，直訳すれば「巻き数」です．まつわり数，からまり数という訳語もあります．「回転数」というと，車輪が一定時間のあいだに回転する数を連想するので，ここでは回転指数と表記しました．

　α が C の外側遠くにあって，カメラが左右に動いても軸のまわりを回転しなければ $N(C;\alpha)=0$ です．その値が整数なので C や α が少し位動いても，C が α を通らなければ $N(C;\alpha)$ は一定値であることに注意します．

　回転指数の概念による定理1の証明：多項式 $p(z)=a_nz^n+\cdots+a_1z+a_0$ において，$n\geqq1$, $a_n\neq0$ のほかに $a_0\neq0$ と仮定して一般性を失わない ($a_0=0$ なら $z=0$ が一つの解)．z を原点中心で半径 r の円周上を正の向きに一周させたとき，$p(z)$ の描く閉曲線を C_r とし，$N(C_r;0)$ を考える．もしも $p(z)=0$ を満たす z が皆無なら，C_r は原点 O を通らないから，つねにこの回転指数が定義でき，その値は一定である (r が少しずつ動いても整数値で一定なので結局不変)．

　しかし r が 0 にごく近ければ，C_r が 0 でない値 a_0 の近くにあり，原点 O から離れているので $N(C_r;0)=0$ である．他方 r が極めて大きければ

$$p(z)=a_nz^n\left(1+\frac{a_{n-1}}{a_nz}+\cdots+\frac{a_0}{a_nz^n}\right)$$

は a_nz^n に近く，この像は原点のまわりを n 回まわって $N(C_r;0)=n$ となる．$n\geqq1$ だから $C(N_r;0)$ が r について一定という結論は矛盾である．□

第1部　代数学関係

　この証明は単に存在しないと仮定すると矛盾するというだけでなく，回転指数 $N(C_r; 0)$ が r を変えると変化する位置に解があることを主張しています．したがって少なくとも理論的には，解の位置に関する情報を示唆していると思います．

　もちろん上述の議論は極めて直観的で，これでは満足できない方が多いでしょう．その合理化を，以下に論じます．

5. 回転指数の概念の再構成

> **補助定理6**　実数の区間 $a \leq t \leq b$ で定義された複素数値 C^1 級関数 $f(t)$ がそこで決して 0 にならなければ，適当な C^1 級関数（実は $f'(t)/f(t)$ の一つの原始関数）$g(t)$ によって $f(t) = \exp(g(t))$ と表すことができる．ここに $\exp(z)$ は複素変数の指数関数で，
>
> $$\exp(x+iy) = e^x(\cos y + i \sin y) \quad (y \text{ はラジアン単位}) \tag{3}$$
>
> と定義される．

証明　$h(t) = f'(t)/f(t)$ は $a \leq t \leq b$ で連続な関数なので，その原始関数 $H(t)$ がある．$\varphi(t) = \exp(-H(t)) \cdot f(t)$ とおくと，$\varphi(t)$ は t について微分可能で

$$\varphi'(t) = \exp(-H(t)) \cdot f'(t) - \exp(-H(t)) \cdot H'(t) \cdot f(t)$$
$$= \exp(-H(t))[f'(t) - h(t) \cdot f(t)] = 0$$

となるので $\varphi(t)$ は定数 c である，しかも指数関数は 0 にならず $f(t) \neq 0$ なので $c \neq 0$ である．すると $f(t) = c \exp(H(t))$ だから，$c = \exp(a)$ である定数 a を求めて $g(t) = a + H(t)$ とおけばよい．このとき $g'(t) = f'(t)/f(t)$ である．　□

注意3　複素数の指数関数が (3) で定義され，加法定理や微分などの諸公式が実変数の場合と同様に成立することは，ベキ級数な

どを活用して容易に確かめられます.

ところで補助定理 6 において $f'(t)/f(t) = d[\log f(t)]/dt$ だから,その原始関数 $g(t) = \log f(t)$ をうまくとれば $f(t) = \exp[g(t)]$,とする証明は,結果的には正しいが,多少難点があります.それは複素数の対数関数は無限多価であり,その枝の選択の吟味が案外大変だからです.上述の方法はその点を回避した巧妙な証明と思います.

定理 7 複素数平面上の区分的に滑らかな閉曲線 C とその上にない点 α に対し,線積分

$$\frac{1}{2\pi i} \int_C \frac{dz}{z-\alpha} = N \tag{4}$$

の値は整数である.

証明 C を実数の区間 $a \le t \le b$ で定義された区分的に滑らかな複素数値関数 $z = \varphi(t)$ による像とし,出発点 = 終点 p_0 を $\varphi(a) = \varphi(b)$ とする.線積分

$$\psi(u) = \frac{1}{2\pi i} \int_{p_0}^{\varphi(u)} \frac{dz}{z-\alpha} = \frac{1}{2\pi i} \int_a^u \frac{\varphi'(t)}{\varphi(t)-\alpha} dt \tag{5}$$

によって $\psi(u)$ を $a \le u \le b$ で定義し,補助定理 6 を適用すると,$2\pi i \psi(t)$ は (5) の右辺の被積分関数の原始関数で $\varphi(t) - \alpha = c \exp(2\pi i \psi(t))$ $(c \ne 0)$ と表される.C が閉曲線で $\varphi(a) = \varphi(b)$ かつ $\psi(a) = 0$ から

$$\exp(2\pi i \psi(b)) = \exp(2\pi i N) = c/c = 1$$

が成立する.このような N は整数値に限る.□

定義 2 (4) で与えられた積分値 (整数) を閉曲線 C の α のまわりの**回転指数**という.

以上の巧妙な定義はアルティン (1940 年頃) によりますが,当初は余り注目をひきませんでした.これを積極的に取り上げ,それまで直観的に

57

第1部 代数学関係

論ぜられていた線積分（複素積分）を，回転指数の考え方で統一的に厳密に論じたのは，アールフォルスの業績です．（日本語訳あり，下記）

参考文献 アールフォルス著，笠原乾吉訳，複素解析，現代数学社

今話の課題は定義2が直観的な定義1と整合することを確かめ，前節の所論(4節での定理1の証明)をこの立場から厳密に再構成することです．

6. 今話の設問

上記と重複し若干あいまいですが次の課題を設問とします．

━━━━━━━━━━ **設問7** ━━━━━━━━━━

上述の定理7で示した線積分(4)の値 N（整数値）が，回転指数として直観的な定義1と整合することを確かめ，4節での定理1の証明を改めて厳密に論ぜよ．

（解説・解答は 229 ページ）

第 **8** 話 　　　　　　　　　　　　　　　一般逆行列

1. 一般逆行列とは

　n 次正方行列 A は必ずしも可逆（逆行列をもつ）とは限りません．行列式 $\neq 0$ の行列を**非特異**（non-singular）とか**正則**（regular）とよぶのが慣用ですが，ここでは**可逆**（invertible）を標準用語として使用します．

　しかし可逆でない行列 A に対しても，一種の「拡張された意味での逆行列」を考えると便利なことがあります．その場合には A を正方行列に限る必要もないので，以下 m 行 n 列（$m \neq n$ でもよい）の行列 A を主体とします．A の成分は任意の体の要素でよいのですが，ここでは典型例として実数（$\mathbb{R}$ の要素）と考えます．

　この行列 A は $\mathbb{R}^n$ から $\mathbb{R}^m$ への線型写像の表現と考えられます．その写像も同じく A で表します．A の「一般的な逆行列」とは，$\mathbb{R}^m$ から $\mathbb{R}^n$ への線型写像 B（およびその表現行列）であり，合成 AB と BA（写像のときは右から順に演算）が，それぞれ「単位行列 I に近い」行列になるものです（下記の等式 (1)）．B は n 行 m 列の行列であり，行列の積として AB, BA は，それぞれ m 次および n 次の正方行列です．

　AB, BA が単位行列になり得ない理由は次の 2 点です：

　　1°　A は必ずしも**上への写像**（epimorphism）でない；その**像空間** $\mathcal{I}$ に含まれない y に対して，$AB(y)$ は y から $\mathcal{I}$ への写像になり，像は y 自体ではない．

　　2°　A は必ずしも **1 対 1 写像**（monomorphism）でない；像が 0 になる原像の集合（A の**核空間**）を $\mathcal{K}$ とすると，0 でない $\mathcal{K}$ の要素 x は $BA(x) = 0 \neq x$ となる．

第1部　代数学関係

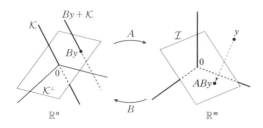

これらを何らかの方法で定めると，B は A に対して次の性質をもつ行列として表されます．
$$ABA = A, \quad BAB = B \tag{1}$$

A が可逆な正方行列ならば，(1) を満たす B は A の逆行列 A^{-1} に限り，AB, BA はともに単位行列です．しかし A が可逆でないとき，さらに長方形行列の場合には，A に対する零因子(零行列 O ではないが A に掛けると O になる行列)が存在するので，AB, BA が単位行列でなくても (1) が成立しえます．

> **定義1**　m 行 n 列の行列 A に対して，(1) を満足する n 行 m 列の行列 B を A の**一般的な逆行列**とよぶ．**疑似逆行列**といったほうがよいかもしれない．

注意1　(1) の条件に対して (両方併せて)「挟んだ方が勝つ」という「愛称」があります．この語の発案者に諸説がありますが，元東京大学経済学部竹内啓教授という説が有力です．

このとき AB, BA は，ともにその累乗が自分自身に等しい(**ベキ等**)行列です．但し上記の一般的な逆行列は一意的でないので，さらに制限をつけて一意的に定まるように限定したものを改めて「一般逆行列」とよびます．それにも何種類かありますが，最も有名でよく使われる**ムーア・ペンローズ**(Moore- Penrose)**の一般逆行列**を以下では単に「一般逆行列」とよんで解説します．

第**❽**話　一般逆行列

2. ムーア・ペンローズの一般逆行列

　この名は20世紀の初め頃にムーア（E.H.More）が後述の定義2の形で導入したが，一時ほとんど忘れられ，1920年代に経済学者ペンローズ（R.Penrose）が，次の幾何学的な形で再発見した歴史にちなみます．これは前節の課題1°，2°に対して，1°は$\mathcal{I}$への正射影，2°（＋$\mathcal{K}$の自由度）は原点からの距離が最小の位置，すなわち核$\mathcal{K}$の直交補空間$\mathcal{K}^{\perp}$への正射影と標準化したものです．$\mathcal{I}$と$\mathcal{K}^{\perp}$の次元は同一の値rで，行列Aの**階数**（rank）そのものです．そのように選ぶと，行列AB, BAはともに固有値が1か0かの準正値対称行列になります．

定義2　(1)を満たすほかにAB, BAがともに準正値対称行列であるBを**ムーア・ペンローズの一般逆行列**とよび，A^{+}で表す．以下では特に断らない限りこれを単に**一般逆行列**とよぶ（ムーアは$A^{\dagger}$と表した）．

　詳しい説明を省略しますが，AB, BAはベキ等なので準正値対称行列ならば固有値は1か0かであり，ある線型部分空間への正射影になります．(1)の性質と併せるとABは像$\mathcal{I}$へ，BAは$\mathcal{K}^{\perp}$への直交射影になります．したがって$B = A^{+}$は一意的に定まります．この事実は計算によっても証明できます．

　但し多くの一般逆行列の理論では，この種の幾何学的イメージを使わず，定義2から純粋に代数的な議論だけでBの存在・一意性などを導びきます．昔学習したとき，「直観派」の私はひどくまわりくどい構成という印象を受けました．

　　注意2　但し以上はあくまで私個人の感想です．図形的・直観的に明らかな事実でも，厳密に証明するのが必要な場合もあります．他方抽象的な長い証明に対して，具体的なイメージをつかめば理解が深まることもある，といいたかった次第です．

61

第1部　代数学関係

3. 一般逆行列を求める算法

　m, n がごく小さいときには，A^+ の成分を未知数として上記の条件を満足する連立方程式を作って解くという素朴な方法も可能です（実際後述の設問のように $m = 1, 2$ のときは有用）．しかし理論的には次の手順を踏みます．

　以下の算法についてもっと詳しく解説しなければ不完全ですが，線型代数学の一通りの知識を仮定して進みます．他に実用向きの反復解法もあります．

（ i ）原空間 $\mathbb{R}^n$ で $\mathcal{K}^\perp$ を初めの r 個の座標成分の空間に写す直交変換を表わす行列 V と，像空間 $\mathbb{R}^m$ で $\mathcal{I}$ を初めの r 個の座標成分の空間に写す直交変換を表わす行列 U を求める．$U^T A V = \widetilde{A}$ は（U^T は U の転置行列）

$$
\widetilde{A} = \begin{array}{c} \\ r \\ \\ \end{array} \overset{\overbrace{\qquad\quad n \qquad\quad}}{\left|\begin{array}{c|c} C & O \\ \hline O & O \end{array}\right|} \begin{array}{c} \\ m \\ \\ \end{array} \tag{2}
$$

の形に標準化される．ここで O は全成分が 0 の行列，C は階数 r 次の可逆正方行列で，$\mathcal{K}^\perp$ を $\mathcal{I}$ に写す同型写像を表す．

（ ii ）C の逆行列 C^{-1} を求め，次の行列を作る．

$$
\widetilde{B} = \begin{array}{c} \\ r \\ \\ \end{array} \overset{\overbrace{\qquad\quad m \qquad\quad}}{\left|\begin{array}{c|c} C^{-1} & O \\ \hline O & O \end{array}\right|} \begin{array}{c} \\ n \\ \\ \end{array} \tag{3}
$$

このとき $A^+ = V^T \widetilde{B} U$ が A の一般逆行列である．

　このように A^+ を作ると $AA^+ = U^T I_r^{(m)} U$, $A^+A = V^T I_r^{(n)} V$ が所要の条件を満足することが直接に確かめられます．ここで $I_r^{(m)}$ は左上に r

62

次単位行列 I_r を置き，他の成分をすべて 0 とした m 次正方行列を意味します（$I_r^{(n)}$ も同様）．なお正方行列 A に対しては，そのスペクトル分解から A^+ が計算できます．第 1 話補充「行列に関する覚え書き」の末尾に追加説明しました．

4. 構成に対する若干の注意

　上記の直交行列 $U,\ V$ は必ずしも一意的ではありませんが，計算を進めた最後の A^+ は一通りに定まります．実際には必ずしもこの手順どおりにせず，$\mathcal{I},\ \mathcal{K}^\perp$ への正射影を表す行列を作って計算できます．

　一般逆行列は実用上に便利ですが，$(AB)^+ = B^+A^+$ とは限らない，などの注意が必要です．

（例1）$(AB)^+ \neq B^+A^+$ の例は簡単にできます．a, b, p, q を正の実数で $a:b \neq p:q$ のようにとります（例えば $1, 2, 3, 4$）．$A = [a, b]$, $B = \begin{bmatrix} p \\ q \end{bmatrix}$ とすると

$$AB = ap + bq > 0, \quad (AB)^+ = \frac{1}{ap + bq},$$

$$A^+ = \frac{1}{a^2 + b^2} \begin{bmatrix} a \\ b \end{bmatrix}, \quad B^+ = \frac{1}{p^2 + q^2}[p, q]$$

$$B^+A^+ = (ap + bq)/(a^2 + b^2)(p^2 + q^2) \neq (AB)^+$$

です．但しこの例では $(BA)^+ = A^+B^+ = \dfrac{1}{(a^2 + b^2)(p^2 + q^2)} \begin{bmatrix} ap & aq \\ bp & bq \end{bmatrix}$ になります．もっと大きい行列での例もいろいろあります．両者が必ずしも等しくないことは，正射影の像や原像が必ずしも正射影でないことからも理解できます．ともかく普通の逆行列の類似として軽率に扱うと失敗します．

　余談ながら近年数学検定の解答で，行列 A の逆行列を $\dfrac{1}{A}$ と書く悪

第1部 代数学関係

い風習（？）が散見されます．これが無意味なことは，読者諸賢に説明するまでもないでしょう．

本来ならばさらに上述の算法について，例えば特異値分解などと併せて解説しなければ不完全ですが，予想外に長くかかるので，お許しを願うことにします．詳細は参考文献を参照下さい．以下簡単な例と設問を挙げるのに留めます．

5. 実例

（例2）人為的な例ですが，$m = 2$, $n = 3$ で

$$A = \begin{bmatrix} -1 & 2 & -3 \\ 2 & -4 & 6 \end{bmatrix} \tag{4}$$

の一般逆行列を計算します．原空間 $\mathbb{R}^3$ の座標を (x, y, z)，像空間の座標を (u, v) と記します．行列 (4) は階数 r が 1 で，像 $\mathcal{I}$ は直線 $2u + v = 0$，核 $\mathcal{K}$ は平面 $x - 2y + 3z = 0$ と表され，$\mathcal{K}$ の直交補空間 $\mathcal{K}^\perp$ は，媒介変数 t によって $x = t$, $y = -2t$, $z = 3t$ と表される直線です．

前述の U は $\mathcal{I}$ を $u' = 0$ に移す直交変換(回転)であり，

$$U = \frac{1}{\sqrt{5}} \begin{bmatrix} 1 & 2 \\ -2 & 1 \end{bmatrix}$$

と採ることができます．V は $\mathcal{K}^\perp$ を x' 軸に移す直交変換です．$\mathcal{K}$ を表す平面上に互いに直交するベクトルとして成分が $(1, 2, 1)$；$(-4, 1, 2)$ であるものを選び，$\mathcal{K}^\perp$ を表すベクトル $(1, -2, 3)$ と併せて正規直交化すると

$$V = \begin{bmatrix} 1/\sqrt{14} & 1/\sqrt{6} & -4/\sqrt{21} \\ -2/\sqrt{14} & 2/\sqrt{6} & 1/\sqrt{21} \\ 3/\sqrt{14} & 1/\sqrt{6} & 2/\sqrt{21} \end{bmatrix}$$

と採ることができます．これによって変換すると，(2) の $\tilde{A} = U^T A V$ は，$r = 1$, $C = (-\sqrt{70})$（1 行 1 列）となります．したがって (3) の $C^{-1} = (-1/\sqrt{70})$ であり，$A^+ = V^T \tilde{B} U$ を計算すると，最終的に次のようになります．

$$A^+ = \begin{bmatrix} -1/70 & 2/70 \\ 2/70 & -4/70 \\ -3/70 & 6/70 \end{bmatrix} \tag{5}$$

成分の分数はわざと約分せずに記しました．結果的には A の転置行列 A^T の定数倍（定数の値は，A の各成分の 2 乗の和の逆数）になりましたが，これはある意味で当然の結果です．この A^+ が前述の諸条件を満たしていることは，直接に検算できます．特に

$$AA^+ = \frac{1}{5}\begin{bmatrix} 1 & -2 \\ -2 & 4 \end{bmatrix}, \quad A^+A = \frac{1}{14}\begin{bmatrix} 1 & -2 & 3 \\ -2 & 4 & -6 \\ 3 & -6 & 9 \end{bmatrix}$$

であり，それぞれの固有値は 1 と 0；1 と 0（重解）です．前著第 8 話で解説した AB と BA の固有値の関係が成立しています（当然）．

上記は定跡に従いましたが，AA^+ と A^+A がそれぞれ (u, v) 平面と (x, y, z) 空間で点を $\mathcal{I}: 2u + v = 0$ と $\mathcal{K}^\perp: x:y:z = 1:(-2):3$ に正射影する行列であることと，$\mathcal{K}^\perp$ と $\mathcal{I}$ との一対一対応が $x' = -u'/14$ と表されることから，直接に書き下すことも可能です．前に注意したように，ここでの直交行列 U は（符号を除いて）一意的ですが，V は平面 $\mathcal{K}$ 上の回転（$\mathcal{K}^\perp$ を軸とする）の自由度があって一意的ではありません．

[**参考文献**] たくさんあるが特に次を勧めます．
山本哲朗，行列解析ノート──珠玉の定理と精選問題，サイエンス社，SGC ライブラリ 97, 2013 年，の第 4 章 一般逆行列．

════════════ **設 問 8** ════════════

5 節の例を一般化して $(a_1, \cdots, a_m)$, $(b_1, \cdots, b_n)$ をともに 0 でない成分を含む数列とし，積 $a_i b_j$ を (i, j) 成分とする m 行 n 列行列 A を考える．A の階数 $r = 1$ である．このとき A の一般逆行列 A^+ は A の転置行列 A^T の定数倍であること；具体的にはその (k, l) 成分 $(1 \leqq k \leqq n,\ 1 \leqq l \leqq m)$ が

第1部 代数学関係

$$\frac{b_k a_l}{(a_1^2 + \cdots + a_m^2)(b_1^2 + \cdots + b_n^2)} \quad (\text{分母} \neq 0) \tag{6}$$

で与えられる行列であることを証明せよ.

注意 前述の U, V などを計算しなくても,(6)で与えられる行列が所要の条件を満足することを確かめたほうが早いと思います.なお特に課題とはしませんが,一般に階数1の2次正方行列の一般逆行列は,上の課題の形で容易に計算できます.

(解説・解答は 232 ページ)

第1部 補充　行列に関する覚え書き

1. 本話の趣旨

　前著でも行列（線型代数）の話題をいくつか取り上げました．本書では
それが僅かでしたが，数学検定（1級および準1級）に出題された行列関
係の問題の中には，注意しておく価値があると思う内容がいくつかあり
ました．それを独立記事として『現代数学』2016年1月号に掲載しまし
たが，本書に取り上げる価値が大きいと判断したので，代数学関連の補
充という形で収録しました．なお末尾にスペクトル分解に関する一節を
加筆しました．

　特に数学検定のための手引きではありませんが，全般的に余り成績の
よくなかった（誤り易い点を含む）問題を中心にまとめましたので，学習
者の参考にして頂ければ幸いです．

　余談ながら数学検定の解答を拝見していると，失礼ながら時折「笑い
話」のような誤り（？）に会って苦笑することがありました．一例は行列
A の累乗 A^n を，A の各成分を累乗した行列と混同した誤りです（対角
線行列に限れば正しいが）．

2. 累乗の問題

問題1（準1級）　実2次対称行列 A の3乗 A^3 が単位行列 I である
ものを求めよ（答は単位行列 I だけ）．

第1部　代数学関係

解1　以下の議論は高校数学の水準を超えるが，実は2次でなくて任意の $n\,(n \geqq 2)$ 次対称行列 A で正しい．

対称行列 A は直交行列 U によって対角化できる：

$$U^{-1}AU = D \ (\text{実対角行列}) \tag{1}$$

(1)を3乗すると

$$D^3 = (U^{-1}AU)^3 = U^{-1}A^3U$$
$$= U^{-1}IU = I$$

だから，D の対角線成分はすべて3乗すると1になる．そのような実数は1しかない．つまり $D = I$ であり

$$A = UIU^{-1} = I \ (\text{単位行列})$$

でなければならない．□

解2　2次行列に限れば，以下のような素朴な（?）解法が可能である（たぶん出題者が期待した解法）．A の成分を対称性に注意して

$$A = \begin{bmatrix} a & b \\ b & c \end{bmatrix} \tag{2}$$

とおく．単なる計算により次の式を得る：

$$A^2 = \begin{bmatrix} a^2+b^2 & b(a+c) \\ b(a+c) & b^2+c^2 \end{bmatrix},$$
$$A^3 = \begin{bmatrix} a^3+2ab^2+cb^2 & b(a^2+b^2+c^2+ac) \\ b(a^2+b^2+c^2+ac) & c^3+2cb^2+ab^2 \end{bmatrix}$$

もし $A^3 = I$ なら，A^3 の成分を比較して

$$b(a^2+b^2+c^2+ac) = 0,$$
$$a^3+2ab^2+cb^2 = c^3+2cb^2+ab^2 = 1 \tag{3}$$

だが，a, b, c が実数ならば

$$a^2+b^2+c^2+ac = (a+c/2)^2+3c^2/4+b^2 \geqq 0 \tag{4}$$

である．しかも (4) $= 0$ は $a = b = c = 0$ に限り，そのとき A は（A^3 も）零行列になる．ゆえに (4) > 0 で $b = 0$ である．そのとき (3) の下の式か

補充 行列に関する覚え書き

ら $a^3 = c^3 = 1$ となる．a, c が実数なら $a = c = 1$ であり，求める行列 (2) は単位行列に限る．□

他にも A の固有値を求めたり，ケイリー・ハミルトンの定理を活用したりして色々と証明できます．読者諸賢の工夫を待ちます．

> **注意 1** 対称行列でなければ，実行列 A でも，単位行列以外に $A^3 = I$ である行列があります．下記の 2 次行列がその一例です．そのための条件は行列 $A = \begin{bmatrix} a & b \\ c & d \end{bmatrix}$ に対して $a + d = -1$, $ad - bc = 1$ です．
> $$A = \begin{bmatrix} -1/2 & \sqrt{3}/2 \\ -\sqrt{3}/2 & -1/2 \end{bmatrix}.$$

3. 行列の積の問題

問題 2 (準 1 級)　2 個の 2 次正方行列 A, B が $AB = -BA$ を満足する．このとき積 AB が零行列 O でなければ，A の跡和 (対角線成分の和) は 0 であることを証明せよ．

解　まず A^2 と B とが交換可能なことに注意する．
$$A^2 B = A(AB) = -A(BA) = -(AB)A = (BA)A = BA^2. \tag{5}$$
A の跡和を t 行列式を d とすると，ケイリー・ハミルトンの定理から
$$A^2 - tA + dI = O \implies A^2 = tA - dI$$
である．これを (5) に代入すると
$$tAB - dB = tBA - dB \implies t(AB - BA) = O$$
だが $AB - BA = AB + AB = 2AB$ である．もしも $AB \neq O$ ならば，この最後の式から，係数 t は 0 でなければならない．□

このような行列 A, B の具体例は

69

第1部　代数学関係

$$A = \begin{bmatrix} 0 & 1 \\ -1 & 0 \end{bmatrix}, \ B = \begin{bmatrix} 0 & 1 \\ 1 & 0 \end{bmatrix},$$

$$AB = \begin{bmatrix} 1 & 0 \\ 0 & -1 \end{bmatrix}, \ BA = \begin{bmatrix} -1 & 0 \\ 0 & 1 \end{bmatrix} = -AB.$$

です．この問題を直接に（成分の計算だけで）証明するのは，かなり困難です．

4. 行列の累乗の他の一例

問題3（1級）　次の行列 A の累乗 A^n を求めよ．

$$A = \begin{bmatrix} 1 & 0 & -1 \\ 1 & -2 & 1 \\ 1 & -1 & 0 \end{bmatrix} \tag{6}$$

注意 2.　A の行列式は 0 で，固有方程式は $\lambda^3 + \lambda^2 = 0$，固有値は 0（重解）と -1 で，それぞれの固有ベクトルの成分は（定数倍を除いて）$(1, 1, 1)$ と $(1, 3, 2)$ です．対角化は不可能ですが，$\lambda = 0$ に対する一般固有ベクトル（一例の成分は $(1, 0, 0)$）を使ってジョルダンの標準形に直せます．しかし以下に見る通り，A^n を求めるだけなら，そのような計算は不要です．

解　直接の計算により

$$A^2 = \begin{bmatrix} 0 & 1 & -1 \\ 0 & 3 & -3 \\ 0 & 2 & -2 \end{bmatrix} \tag{7}$$

である．固有方程式が $\lambda^3 + \lambda^2 = 0$ なので，ケイリー・ハミルトンの定理により $A^3 + A^2 = O$，したがって $n \geqq 2$ なら

$$A^n = A^2 \ (n \text{ が偶数}), \quad A^n = -A^2 \ (n \text{ が奇数})$$

あるいはまとめて $A^n = (-1)^n A^2 \ (n \geqq 2 ; A^2$ は (7)) となる．□

というわけで，ほとんど計算せずに答が出ました．この結果は答が予

補充　行列に関する覚え書き

測できれば，数学的帰納法で厳密に証明することもできます．しかしこ
こでちょっとした注意がいります．この答で形式的に $n=1,0$ とおいた
行列は $A^1 \neq A$, $A^0 \neq I$ です．一見奇妙ですが，行列 (6), (7) の階数が
それぞれ 2, 1 であり，

$$A - A^1 = A + A^2, \quad I - A^0 = I - A^2$$

がそれぞれ A, A^2 の零因子になっているので，矛盾ではありません．た
だし前著で注意した場合と違って，$I - A^0$ が A 自身の零因子にはなら
ず，A^2 の零因子である点に注意します．

5. ある4次行列式

問題4 (1級)　次の行列式を計算し，因数分解した形で答えよ．

$$\begin{vmatrix} a & b & c & d \\ d & c & b & a \\ c & a & d & b \\ b & d & a & c \end{vmatrix} \tag{8}$$

注意3. もとの問題は a, b, c, d に具体的な整数値が与えられていて，
直接基本変形 (消去法) で値を計算する形でしたが，以下のよ
うに一般化できます．これを前著の4次方程式の話の中で解
説した次の公式と混同しないで下さい：

$$\begin{vmatrix} a & b & c & d \\ b & a & d & c \\ c & d & a & b \\ d & c & b & a \end{vmatrix} = (a+b+c+a)(a+b-c-d) \\ \times (a-b+c-d)(a-b-c+d). \tag{9}$$

解　第2行と第4行を入れ替え, (8) を

$$-\begin{vmatrix} a & b & c & d \\ b & d & a & c \\ c & a & d & b \\ d & c & b & a \end{vmatrix} \tag{8'}$$

71

第1部　代数学関係

と変形して計算する．全部展開してから因数分解するのは大変で，以下のように考える．負号を除いた (8') に右から次のアダマール行列 (± 1 を成分とする直交行列)

$$（\text{行列式は}）\quad \begin{vmatrix} 1 & 1 & 1 & 1 \\ 1 & -1 & 1 & -1 \\ 1 & -1 & -1 & 1 \\ 1 & 1 & -1 & -1 \end{vmatrix} = -16 \tag{10}$$

を掛けると，初めの2列から共通項 $(a+b+c+d),(a-b-c+d)$ をくくり出して，残りが次のようになる．

$$\begin{vmatrix} 1 & 1 & a+b-c-d & a-b+c-d \\ 1 & -1 & -a+b-c+d & a+b-c-d \\ 1 & -1 & a-b+c-d & -a-b+c+d \\ 1 & 1 & -a-b+c+d & -a+b-c+d \end{vmatrix} \tag{11}$$

(11) の第1行をそれぞれ第2,3,4行に加えると，(11) は

$$\begin{vmatrix} 1 & 1 & a+b-c-d & a-b+c-d \\ 2 & 0 & 2(b-c) & 2(a-d) \\ 2 & 0 & 2(a-d) & 2(c-b) \\ 2 & 2 & 0 & 0 \end{vmatrix}$$

$$= 8 \begin{vmatrix} 1 & 1 & a+b-c-d & a-b+c-d \\ 1 & 0 & b-c & a-d \\ 1 & 0 & a-d & c-b \\ 1 & 1 & 0 & 0 \end{vmatrix}$$

となる．さらに最後の行列式で，第1行から (第2行＋第3行＋第4行) を引くと，最後の式は

$$8 \begin{vmatrix} -2 & 0 & 0 & 0 \\ 1 & 0 & b-c & a-d \\ 1 & 0 & a-d & c-b \\ 1 & 1 & 0 & 0 \end{vmatrix} = 8 \times (-2) \times (-1) \times [(a-d)^2 + (b-c)^2]$$

となる．(8') ＝ (8) だが負号を除いて計算したことと (10) に注意すると，最初の行列式は

$$(8) = (a+b+c+d)(a-b-c+d)[(a-d)^2 + (b-c)^2] \tag{12}$$

とまとめられる．□

72

補充 行列に関する覚え書き

注意 4. (12)の末尾の項を，さらに複素数を使って

$$(a+ib-ic-d)(a-ib+ic-d)$$

と因数分解する必要はないと思います．しかしそうすると何となく(9)との類似を感じます．

6. 行列のスペクトル分解

線型代数の少し詳しい教科書には載っていますが，数学検定1級に標題に関する問題が出題されて，それに関する質問があったので，その理論の概要を解説します．本来は実対称行列で相異なる固有値をもつ場合が基準ですが，少し一般化して，n 次正方実行列 A が相異なる n 個の実数の固有値 $\lambda_1, \cdots, \lambda_n$ をもつ場合を考えます．

> **定義** 行列 A の**スペクトル分解**とは，次のような n 次正方行列 $P_1, \cdots, P_n$ の組をいう．
>
> 1° 個々の P_k はべき等 $(P_k^2 = P_k)$ で，階数は1である．
>
> 2° $j \neq k$ ならば $P_j P_K = O$ (零行列)．(直交性)
>
> 3° $P_1 + \cdots + P_n = I$ (単位行列)
>
> 4° $\lambda_1 P_1 + \cdots + \lambda_n P_n = A$ (もとの行列)

A が与えられたとき，このような $P_1, \cdots, P_n$ が一意的に存在することが証明できます．直接に P_k の成分を上記の関係式から求めるのは $n = 2, 3$ のとき以外は無理のようです．A を可逆行列 U によって対角化 $U^{-1}AU = D$ して（D は $\lambda_1, \cdots, \lambda_n$ を対角線成分とする対角線行列）

$$P_k = U I_k U^{-1} \; ; \; I_k \text{ は } (k, k) \text{ 成分だけ } 1, \text{ 他は } 0 \text{ の行列}$$

として作ることができます．しかしそれよりも以下のように構成するほうが容易です．

73

第1部　代数学関係

　行列 A の固有値 λ_k に対する固有ベクトルを $\boldsymbol{v}_k$ とし，**行固有ベクトル**（$\boldsymbol{u}_k A = \lambda_k \boldsymbol{u}_k$ である 1 行 n 列の横ベクトル）$\boldsymbol{u}_k$ をも作ります．後者は A の転置行列 A^T の λ_k に対する固有ベクトルを転置したベクトルに相当します．ここで

$$\boldsymbol{u}_k \cdot \boldsymbol{v}_k \ (1 \text{行} 1 \text{列で} 1 \text{個の数}) = 1 \tag{13}$$

であるように**正規化**します．これから

$$P_k = \boldsymbol{v}_k \cdot \boldsymbol{u}_k \ (n \text{行} n \text{列の行列}) \tag{14}$$

とおけば，この P_k が所要のスペクトル分解になります．そのことを以下に示します．

　(14) の P_k が所要の条件を満たすことは，容易に確かめられます．まず $j \neq k$ のとき $\boldsymbol{u}_j \cdot \boldsymbol{v}_k = 0$（直交性）を示します．

$$\boldsymbol{u}_j A \boldsymbol{v}_k = (\boldsymbol{u}_j A)\boldsymbol{v}_k = \lambda_j \boldsymbol{u}_j \boldsymbol{v}_k \ ; \ \boldsymbol{u}_j A \boldsymbol{v}_k = \boldsymbol{u}_j (A\boldsymbol{v}_k) = \lambda_k \boldsymbol{u}_j \boldsymbol{v}_k$$

の両者が等しいが，$j \neq k$ のとき $\lambda_j \neq \lambda_k$ なので，これから $\boldsymbol{u}_j \cdot \boldsymbol{v}_k = 0$ になります．このことと正規化の式 (13) から，性質 1°，2° がわかります．3° と 4° とは，左辺をそれぞれ P, Q とおくとき，それぞれ

$$P\boldsymbol{v}_k = \left(\sum_{j=1}^{n} \boldsymbol{v}_j \cdot \boldsymbol{u}_j\right)\boldsymbol{v}_k = \boldsymbol{v}_k = I\boldsymbol{v}_k,$$

$$Q\boldsymbol{v}_k = \left(\sum_{j=1}^{n} \boldsymbol{v}_k \cdot \boldsymbol{u}_j\right)\lambda_k \boldsymbol{v}_k = \lambda_k \boldsymbol{v}_k = A\boldsymbol{v}_k$$

です．しかしこの場合 $\boldsymbol{v}_1, \cdots, \boldsymbol{v}_n$ は一次独立であり，それらが n 次線型空間の基底をなすので，$P = I$，$Q = A$ となります．□

　さらに $\lambda_1^k P_1 + \cdots + \lambda_n^k P_n = A^k$（累乗）です．

　一意性の証明は省略します．ともかく固有値と固有ベクトルの計算だけで，スペクトル分解が求められます．A が対称行列のときは，$\boldsymbol{u}_k = \boldsymbol{v}_k^T$（転置ベクトル）なので，$\boldsymbol{v}_k$ の大きさを 1 と正規化すれば，上述の理論に含まれます（これが標準的な場合）．

74

補充　行列に関する覚え書き

問題5　ごく簡単な一例を示します．$n=2$ で $A=\begin{bmatrix} 4 & 1 \\ 8 & 6 \end{bmatrix}$ のスペクトル分解を求めよ．

解　固有方程式は

$$\lambda^2-10\lambda+16=(\lambda-2)(\lambda-8)=0$$

で，固有値は $\lambda_1=2$ と $\lambda_2=8$ です．固有ベクトルを (13) のように標準化すると (その一例)

$$\boldsymbol{u}_1=\left[\frac{4}{3},-\frac{1}{3}\right],\ \boldsymbol{v}_1=\begin{bmatrix}1/2 \\ -1\end{bmatrix};\ \boldsymbol{u}_2=\left[1,\ \frac{1}{2}\right],\ \boldsymbol{v}_2=\begin{bmatrix}1/3 \\ 4/3\end{bmatrix}$$

ととることができます．これから計算すると，スペクトル分解は

$$P_1=\begin{bmatrix} 2/3 & -1/6 \\ -4/3 & 1/3 \end{bmatrix} \quad P_2=\begin{bmatrix} 1/3 & 1/6 \\ 4/3 & 2/3 \end{bmatrix} \tag{15}$$

となります．これらが所要の条件を満たすのを確かめることは，読者諸賢への演習問題とします．

但しこの場合には $\lambda_1=2,\ \lambda_2=8$ とし，条件 3° と 4° とを連立一次方程式と思って解くと，直接に (15) を得ます．そしてそれは他の条件をも満足することが確かめられます．計算するだけなら，そのほうが早いかもしれません．

スペクトル分解の一応用として，第8話で論じた**一般逆行列**の構成があります (実用的には余り有用ではないが)．n 次正方行列 A の固有値のうち $\lambda_1,\cdots,\lambda_m\ (m\leqq n)$ が互いに相異なり，かつ 0 でない固有値とし，$\lambda_{m+1}=\cdots=\lambda_n=0$ と仮定します．このときスペクトル分解 P_k を作ると，A の一般逆行列は

$$A^+=\frac{P_1}{\lambda_1}+\cdots+\frac{P_m}{\lambda_m} \quad (\lambda_k\neq0,\ k=1,\cdots,m) \tag{16}$$

として構成できます．証明は (16) で定義した A^+ が $A^+AA^+=A^+$ と $AA^+A=A$ を満たし，さらに AA^+ と A^+A が準正値対称行列という定義の条件を満たし，所要の性質をすべて満足することを，直接に計算

75

第1部　代数学関係

で確かめることからできます．もし $m=n$（すべての固有値が 0 でない）なら $A^+=A^{-1}$（逆行列）になります．案外逆行列の計算にも有用かもしれません．

　以上余り知られていない（？）話題を補充しました．

第2部
幾何学関係

第❾話　内外接円の半径の比

1. 問題の起こり

　本話の内容は重箱の隅をつつくような古典的な話で，本書の趣旨にそぐわない感じですが，お許しください．前著第10, 12話でも述べましたが，三角形の内接円・外接円の半径をそれぞれ r, R とするとき，次の不等式はよく知られています：
$$R \geqq 2r \; ;\text{等号は正三角形に限る}. \tag{1}$$
　これには初等幾何学的証明もあり，また外心・内心間の距離の2乗 $= R^2 - 2Rr$（チャップルの定理）からも明らかですが，この精密化と関連話題を若干論じます．

　まず関連話題として四角形 ABCD の場合を考えます．四辺の長さを $a = \text{AB}, b = \text{BC}, c = \text{CD}, d = \text{DA}$ とおきます．これが円に外接するための条件は次の等式です．
$$a + c = b + d \tag{2}$$
　そのような四角形が同時に別の円に内接するとし（図1），外・内接円の半径をそれぞれ R, r とすれば，次の結果が予想されます：

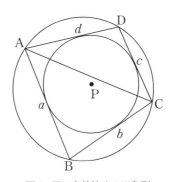

図1　円に内外接する四角形

第 2 部　幾何学関係

$$R \geq \sqrt{2}\,r, \quad 等号は正方形に限る. \tag{3}$$

四角形を凧型や等脚台形に限れば，不等式(3)は容易に示されます．

本話では諸公式を既知として，まず(3)を一般的に示します．

2. 四角形の場合──式 (3) の証明

四角形が内・外接両円をもつとし，面積を S とすると

$$2S = r(a+b+c+d)$$

は明らかですが，さらに次の公式が知られています(後述)．

$$4RS = \sqrt{(ab+cd)(ac+bd)(ad+bc)}. \tag{4}$$

$$(4S)^2 = (-a+b+c+d)(a-b+c+d)$$
$$\times (a+b-c+d)(a+b+c-d) \tag{5}$$

(4), (5)で $d = 0$ とすれば(4)は $4RS = abc$，(5)はヘロンの公式という おなじみの公式に還元されます(前著，第 10 話参照)．特に(2)が成立 すれば，(5)は次のように簡易化されます：

$$S = \sqrt{abcd} \tag{5'}$$

これから当面の四角形では

$$\frac{r}{R} = \frac{8abcd}{(a+b+c+d)\sqrt{(ab+cd)(ac+bd)(ad+bc)}} \tag{6}$$

となります．さて，不等式 (3) は (6) $\leq 1/\sqrt{2}$ と同値です．これを証明 します．この両辺を 2 乗すると

$$2^7(abcd)^2 \leq (a+b+c+d)^2 \cdot (ab+cd)(ac+bd)(ad+bc) \tag{6'}$$

になります．ここで (6') は次の相加平均・相乗平均の不等式を掛け合わ せれば容易に証明できます：

$$4^2\sqrt{abcd} \leq (a+b+c+d)^2,$$
$$2\sqrt{abcd} \leq ab+cd,$$
$$2\sqrt{abcd} \leq ac+bd, \ 2\sqrt{abcd} \leq ad+bc.$$

しかも等号が成立するのは $a = b = c = d$（等辺四角形）に限ります が，円に内接するそのような四角形は正方形に限ります．　　　　□

80

公式(4), (5)は有名ですが，その証明を今話の課題にします(後述)．

3. 三角形の場合の精密化

三角形の場合に(1)を精密化した不等式は多数あります．前著第12話でも扱いましたが，別の一例を挙げましょう．三角形 ABC の三辺の長さを $a = $ BC, $b = $ CA, $c = $ AB とし，慣例に従って

$$s = (a+b+c)/2, \quad u = s-a,$$
$$v = s-b, \quad w = s-c$$

とおきます．このとき r/R は次の各値以下です．

$$\sqrt{vw}\,/a, \quad \sqrt{wu}\,/b, \quad \sqrt{uv}\,/c,$$
$$(\sqrt{uv} + \sqrt{wu} + \sqrt{vw})/(a+b+c) \tag{7}$$

$v+w = a$, $w+u = b$, $u+v = c$ に注意すれば，相加平均・相乗平均の不等式から，(7)の最初の3個はいずれも $1/2$ 以下です．そして

$$\frac{ar}{R} \leqq \sqrt{vw}, \quad \frac{br}{R} \leqq \sqrt{wu}, \quad \frac{cr}{R} \leqq \sqrt{uv} \tag{8}$$

と変形して加えて $a+b+c$ で割れば，(7)の最後の不等式を得ます．対称性があるので，最初の $ar/R \leqq \sqrt{vw}$ だけを証明します(他も同様)．

面積を S とするとき，既知の公式 $4RS = abc$, $S^2 = suvw$, $S = sr$ から

$$\frac{r}{R} = \frac{4suvw}{abc \cdot s} = \frac{4uvw}{abc}$$

ですが，$b = w+u$, $c = u+v$ により，この式は

$$\frac{ar}{R} = \frac{\sqrt{wu}}{(w+u)/2} \cdot \frac{\sqrt{uv}}{(u+v)/2} \cdot \sqrt{vw} \tag{9}$$

と変形できます．(9)の右辺の初めの2項は，ともに相加平均・相乗平均の不等式により $\leqq 1$ なので，(9) $\leqq \sqrt{vw}$ となります．これは(8)の最初の不等式です(他も同様)． $\square$

(7)のうち最小の値が r/R のよい評価です．同じような工夫で次の不等式が証明できます：

第 2 部　幾何学関係

$$\frac{r}{R} \leqq \frac{2}{3}\left(\frac{uv}{ab} + \frac{uw}{ac} + \frac{vw}{bc}\right),$$
$$\frac{r}{R} \leqq \frac{1}{s}\left(\frac{vw}{a} + \frac{wu}{b} + \frac{uv}{c}\right). \tag{10}$$

いずれも等号は正三角形に限ります．詳しくは読者諸賢の演習にしますが，いずれも (8) から導かれます．その略証 (要点) を簡潔に述べます．

第 1 式の右辺をまとめると $a = v + w$ などから

$$(2/3) \times [u^2v + u^2w + v^2u + v^2w + w^2u + w^2v]/abc \tag{11}$$

となるので，(11) の分子の [　] 内 $\geqq 6uvw$ を示せばよいが，これは 6 項の相加平均 $\geqq$ 相乗平均から明らかです．　　　　　　　　　□

(10) の第 2 式は右辺の (　) 内を通分すると，分母が abc で，分子は $a = v + w$ などを使って u, v, w の多項式になります．ここで $vw = x$, $wu = y$, $uv = z$ と置くとその式は

$$(x+y)(x+z) + (y+x)(y+z) + (z+x)(z+y)$$
$$= x^2 + y^2 + z^2 + 3(xy + yz + zx) \tag{12}$$

とまとめられます．他方分母の $s = u + v + w$ を左辺に掛け，さらに分母の abc を約すと，まとめた左辺は

$$4uvw(u + v + w) = 4(xy + yz + zx)$$

となります．証明すべき不等式は (12) と比べて

$$x^2 + y^2 + z^2 - (xy + yz + zx) \geqq 0$$

となりますが，これは $[(x-y)^2 + (y-z)^2 + (z-x)^2]/2$ と変形すれば自明です．　　　　　　　　　□

但し (10) の右辺はどちらも 1/2 より大きいことがあります．そのときは不等式としては正しいが，「精密化」にはなりません．

さらに傍接円と関連した等式や不等式もいくつかありますが，今話の主題と外れるので見送りました．なお三角形の内外接円に関して，若干の補充を，解答編に付加しました．

第**❾**話　内外接円の半径の比

4. 等積四面体の場合

　四面体の外接球・内接球の半径を R, r とすると，$R \geq 3r$ で等号は正四面体に限ります．しかしこれを四面体の諸公式（例えば末尾文献参照）から直接に証明するのはかなり困難です．以下では特別な場合ですが，等積四面体の場合について計算してみます．

　等積四面体とは四面の面積が同一の値 S に等しい四面体です．実はそれは四面が合同な鋭角三角形で，相対する辺長が同一の四面体になります（バンの定理；末尾文献参照）．その三辺長を a, b, c；体積を V とすると次の公式が成立します．

$$72V^2 = (-a^2+b^2+c^2)(a^2-b^2+c^2)(a^2+b^2-c^2), \quad 4rS = 3V,$$

$$6RV = a^2, b^2, c^2 \text{ を } 3 \text{ 辺長とする三角形の面積 } \tilde{S} \text{ に等しい.}$$

$$\tilde{S} = \sqrt{(a^2+b^2+c^2)(-a^2+b^2+c^2)(a^2-b^2+c^2)(a^2+b^2-c^2)}\,/4$$

これから

$$\frac{r}{R} = \frac{18V^2}{\tilde{S}\cdot 4S} = \sqrt{\frac{(-a^2+b^2+c^2)(a^2-b^2+c^2)(a^2+b^2-c^2)}{(a^2+b^2+c^2)(-a^4-b^4-c^4+2a^2b^2+2b^2c^2+2c^2a^2)}} \tag{13}$$

となります．式を簡単にするために $\alpha = a^2$，$\beta = b^2$，$\gamma = c^2$ とおけば鋭角三角形なので $\alpha < \beta+\gamma$，$\beta < \gamma+\alpha$，$\gamma < \alpha+\beta$ であり，2 乗すれば $r/R \leq 1/3$ は次の不等式と同値になります．

$$9(-\alpha+\beta+\gamma)(\alpha-\beta+\gamma)(\alpha+\beta-\gamma)$$
$$\leq (\alpha+\beta+\gamma)(-\alpha^2-\beta^2-\gamma^2+2\alpha\beta+2\beta\gamma+2\gamma\alpha) \tag{14}$$

(14) の両辺を展開すると

$$9(-\alpha^3-\beta^3-\gamma^3+\alpha^2\beta+\alpha^2\gamma+\beta^2\alpha+\beta^2\gamma+\gamma^2\alpha+\gamma^2\beta-2\alpha\beta\gamma)$$
$$\leq -\alpha^3-\beta^3-\gamma^3+\alpha^2\beta+\alpha^2\gamma+\beta^2\alpha+\beta^2\gamma+\gamma^2\alpha+\gamma^2\beta+6\alpha\beta\gamma$$

となり，さらに整理すると次の不等式と同値です．

$$\alpha^2\beta+\alpha^2\gamma+\beta^2\alpha+\beta^2\gamma+\gamma^2\alpha+\gamma^2\beta \leq \alpha^3+\beta^3+\gamma^3+3\alpha\beta\gamma \tag{14'}$$

(14') の両辺を 2 倍して右辺 − 左辺を作り

$$\alpha^3-\alpha^2\beta-\alpha\beta^2+\beta^3 = (\alpha-\beta)(\alpha^2-\beta^2)$$
$$= (\alpha+\beta)(\alpha-\beta)^2$$

などに注意すると，両辺の差は最終的に

$$(-\alpha+\beta+\gamma)(\beta-\gamma)^2+(\alpha-\beta+\gamma)(\gamma-\alpha)^2+(\alpha+\beta-\gamma)(\alpha-\beta)^2 \geq 0,$$
となります．これで (14')，すなわち (14) が証明できました．等号は $\alpha=\beta=\gamma$ すなわち $a=b=c$ のときで，これは各面が正三角形である正四面体です． □

不等式 (14)' は，これを
$$(-\alpha+\beta+\gamma)(\alpha-\beta+\gamma)(\alpha+\beta-\gamma) \leq \alpha\beta\gamma$$
と変形して，左辺の2項ずつの相加平均・相乗平均の不等式の積としても証明できます．

もちろんこの結果は直接に等積四面体を直方体に埋め込み，その一つおきの頂点を結んだ形とすれば，3次元座標をとって容易に証明できます．上述はむしろ一つの不等式の演習です．

5. 三角形の周長と外接円の半径との不等式

これは標題からは逸脱しますが，三角形の3辺長を a,b,c とするとき $(a+b+c)/R$ の上下からの評価です．

上からの評価　任意の三角形で

$(a+b+c)/R \leq 3\sqrt{3}$　　等号は正三角形に限る　　(15)

は直接に証明できます．△ABC の重心を G とすると，例えばベクトルを活用して次の不等式が示されます (図2参照)．

図2　不等式(16)の図示

$$\mathrm{AP}^2 + \mathrm{BP}^2 + \mathrm{CP}^2 = \mathrm{AG}^2 + \mathrm{BG}^2 + \mathrm{CG}^2 + 3\mathrm{GP}^2$$
$$\geqq (a^2 + b^2 + c^2)/3. \tag{16}$$

ここで点 P を外心 O にとれば $3R^2 \geqq (a^2 + b^2 + c^2)/3$ ですが，これから

$$27R^2 \geqq 3(a^2 + b^2 + c^2) \geqq (a + b + c)^2 \tag{15}'$$

として (15) が証明できます． □

下からの評価　鋭角および直角三角形に限ると，

$$(a + b + c)/R > 4 \tag{17}$$

が成立します．三角形が線分に潰れれば (17) の左辺は 0 に近づくので，鈍角三角形では必ずしも成立しません．

(17) を示すための以下の証明は余りうまい方法ではないが，もとの形のまま述べます（簡潔な別証明を末尾に補充）．まず正弦定理で $a = 2R\sin A$ などにより，三角比の不等式に直すと (17) は

$$\sin A + \sin B + \sin C > 2 \tag{18}$$

と同値です．$0 < A \leqq B \leqq C \leqq 90°$ として一般性を失いません．まず C を固定すると

$$\sin A + \sin B = 2\sin\frac{A+B}{2}\cos\frac{A-B}{2}$$
$$= 2\cos\frac{C}{2}\cos\frac{B-A}{2}$$

により，この和が最小になるのは $(B-A)/2$ が最大になるとき，すなわち $B = C$，$A = 180° - 2C$ のときです $((B-A)/2 < 45°)$．そのとき $B - A = 3C - 180°$ で，(18) の左辺の和は

$$\sin C + 2\cos\frac{C}{2}\cos\frac{3C-180°}{2} = 2\cos(C/2)(\sin(C/2) + \sin(3C/2))$$
$$= 4\cos(C/2)\sin C\cos(C/2)$$
$$= 2(\cos C + 1)\sin C = 2\sin C + \sin 2C$$

となります．$C = \theta$（ラジアン変数で $\pi/3 < \theta \leqq \pi/2$）と表して $\varphi(\theta) = 2\sin\theta + \sin 2\theta$ と置くと，

$$\varphi'(\theta) = 2\cos\theta + 2\cos 2\theta$$
$$= 2(\cos\theta + 2\cos^2\theta - 1)$$
$$= 2(2\cos\theta - 1)(\cos\theta + 1) \tag{19}$$

第 2 部　幾何学関係

ですが，$1/2 > \cos\theta \geqq 0$ から (19) は負，$\varphi(\theta)$ は定義域で真に減少し，$\varphi(\pi/2) = 2$ ですから，$\varphi(\theta) > 2$，すなわち (18) の左辺 > 2 です．　　□

(17) で等号は成立しませんが，$a = b, c \to 0$ の極限で左辺が 4 に近づくので，右辺の 4 をこれ以上大きくはできません．

―――――――――――――― 設 問 8 ――――――――――――――

円に内接する四角形の 4 辺を $a = \mathrm{AB}, b = \mathrm{BC}, c = \mathrm{CD}, d = \mathrm{DA}$ とし，面積を S，外接円の半径を R とするとき，以下の等式が成立することを証明せよ．

$$4RS = \sqrt{(ab+cd)(ac+bd)(ad+bc)} \tag{4}$$

$$(4S)^2 = (-a+b+c+d)(a-b+c+d)(a+b-c+d)(a+b+c-d) \tag{5}$$

$S = (a+b+c+d)/2$ とおけば (5) は次の形にも表される：

$$S = \sqrt{(s-a)(s-b)(s-c)(s-d)} \tag{5*}$$

（解説・解答は 232 ページ）

校正の折に追加

不等式 (17) の本文での証明は下手でした．次のような簡潔な証明ができます．第 10 話の式 (7) から，鋭角三角形では次の不等式が成立します．

$$0 < 1 - \cos^2 A - \cos^2 B - \cos^2 C = \sin^2 A + \sin^2 B + \sin^2 C - 2$$

これに $4R^2$（R は外接円の半径）を掛けると $a^2 + b^2 + c^2 > 8R^2$ です．他方三角形の 3 辺の不等式から（設問⑨の解答補助定理 3 により）次のようになります．

$$(a+b+c)^2 > 2(a^2+b^2+c^2) > 16R^2.$$

類似の別証を解答欄設問⑨の末尾に追加しました．

第❿話　　三角形の諸心間の距離

1. 三角形の五心間の距離 (今話の目標)

「五心」と記しましたが，傍心を除く他の四心 (外心 O，重心 G，垂心 H，内心 I) を主に考えます．O, G, H が同一の直線 (**オイラー線**) 上にあることは有名です．このとき

$$OH = 3OG = (3/2)GH \tag{1}$$

です．また 3 辺の長さを a, b, c；外接円・内接円の半径を R, r とするとき

$$OI^2 = R^2 - 2Rr = R^2 - \frac{abc}{a+b+c} \geq 0 \tag{2}$$

(**チャップルの定理**) もよく知られています (後述の式 (9) 参照).

まず 2 節でオイラー線がデザルグの定理の一例として証明できることを注意します．但しこれは「余興」であり，無限遠点に慣れていない方はとばして差し支えありません.

3 節で OH, 4 節で GI, 5 節で IH を計算します．但し以下での求め方は方法的には一貫していません．最後に

$$IG^2 + IH^2 < GH^2 \tag{3}$$

すなわち内心 I は重心 G と垂心 H を直径の両端とする円内にある，という結果を今話の課題とします (後述図 3)．これも古くから知られていた結果のようですが，近年「再発見」されて関係者の間では話題になりました.

2. オイラー線はデザルグの定理の一例

△ABC の辺 AB, AC の中点を N, M；B, C から対辺に引いた垂線を BK, CL とします．後者の交点 H が垂心，BM と CN の交点 G が重心です．また M, N からそれぞれ BK, CL に平行に引いた直線の交点 O が外心です (図 1)．平行な BK と MO, CL と NO の「無限遠の交点」をそれぞれ ∞_1, ∞_2 と表します．

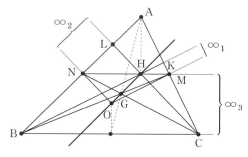

図 1　デザルグの定理からみたオイラー線

ここで「潰れた三角形」∞_1BM, ∞_2CN の対応する頂点を結ぶ直線はそれぞれ無限遠直線，互いに平行な BC, MN であり，これらは無限遠の共通交点 ∞_3 で交わります．したがってデザルグの定理により，両三角形の相対する辺 ∞_1B と ∞_2C, ∞_1M と ∞_2N, BM と CN の交点にそれぞれ相当する H, O, G は同一直線上にあります．□

この形で進むといろいろな「拡張」が同じ考え方で証明できます．こういう「一般化」が「数学を創る」ときの一つの指針になると思います．

3. O と H の距離

外心 O と垂心 H との距離は，次のように初等幾何学的に計算できます．厳密には角の大きさに対する順序付け (差のとり方) による場合分けが必要ですが，角に向きをつければ，図 2 の典型例を修正 (拡張解釈) し

第❿話　三角形の諸心間の距離

て済みます．

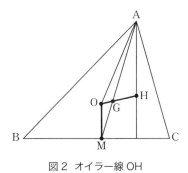

図2　オイラー線 OH

BC の中点を改めて M とすると，
$$\mathrm{AH} = 2\mathrm{OM} = 2R\cos A,\quad \mathrm{AO} = R$$
です．$\angle \mathrm{CAH} = 90°-C$，$\angle \mathrm{BAO} = 90°-C$ であり，
$$\angle \mathrm{OAH} = A - 2\times(90°-C)$$
$$= A + 2C - (A+B+C) = C-B$$
です（厳密には $|C-B|$）．したがって
$$\mathrm{OH}^2 = \mathrm{AO}^2 + \mathrm{AH}^2 - 2\mathrm{AO}\cdot\mathrm{AH}\cos\angle\mathrm{OAH}$$
$$= R^2 + 4R^2\cos^2 A - 4R^2\cos A\cos(B-C) \tag{5}$$
ですが，
$$-\cos A\cos(B-C) = \cos(B+C)\cos(B-C)$$
$$= \cos^2 B\cos^2 C - \sin^2 B\cdot\sin^2 C$$
$$= \cos^2 B\cdot\cos^2 C - (1-\cos^2 B)(1-\cos^2 C)$$
$$= \cos^2 B + \cos^2 C - 1$$
であり，(5)は
$$\mathrm{OH}^2 = R^2(1+4\cos^2 A + 4\cos^2 B + 4\cos^2 C - 4)$$
となります．これは
$$\mathrm{OH}^2 = R^2[9-4(\sin^2 A+\sin^2 B+\sin^2 C)]$$
$$= 9R^2 - (a^2+b^2+c^2) \tag{6}$$
とも表されます．これから $9R^2 \geqq a^2+b^2+c^2$ です．

第 2 部　幾何学関係

また $A+B+C=180°$ のとき成立する等式

$$\cos^2 A+\cos^2 B+\cos^2 C+2\cos A\cos B\cos C=1 \tag{7}$$

により，次のように表すこともできます.

$$\mathrm{OH}=R\sqrt{1-8\cos A\cos B\cos C}, \tag{8}$$

$$\mathrm{OG}=\mathrm{OH}/3$$

なお上記の等式(7)は前著に示しましたが，解答編に別証を示しました.

　もちろんベクトルを活用して直接に

$$\mathrm{OG}^2=R^2-(a^2+b^2+c^2)/9 \tag{6'}$$

を示すこともできます．(6)の右辺や(8)の根号内が正(正三角形なら0)であることもよく知られた不等式です.

4.　I と G との距離

　重心座標による計算もできますが，ベクトルによる計算のほうが早いでしょう．初等幾何学的に，内角の二等分線が対辺を，その角の両辺の比に内分することから，$a\overrightarrow{\mathrm{IA}}+b\overrightarrow{\mathrm{IB}}+c\overrightarrow{\mathrm{IC}}=\vec{0}$ (0ベクトル) が示されます．任意の点 P について

$$\overrightarrow{\mathrm{AP}}=\overrightarrow{\mathrm{AI}}+\overrightarrow{\mathrm{IP}},$$

$$\mathrm{AP}^2=\mathrm{AI}^2+\mathrm{IP}^2+2\langle\overrightarrow{\mathrm{AI}},\ \overrightarrow{\mathrm{IP}}\rangle\ (末項は内積)$$

に注意すると，同様の BP^2, CP^2 の式と併せて

$$a\mathrm{AP}^2+b\mathrm{BP}^2+c\mathrm{CP}^2=(a+b+c)\mathrm{IP}^2+[a\mathrm{AI}^2+b\mathrm{BI}^2+c\mathrm{CI}^2] \tag{9}$$

が示され(内積の項の和は0)，(9)の末尾の項は具体的に計算すると abc になります(後述の式(13))．ここで P = G (重心) とすれば

$$\mathrm{IG}^2=[-(a^3+b^3+c^3)+2(a^2 b+a^2 c+b^2 a+b^2 c+c^2 a+c^2 b)-9abc]$$

$$\div[9(a+b+c)] \tag{10}$$

を得ます．また上の公式(9)で P = O (外心) ととれば直ちに(2)を得ます．□

　これからいくつかの不等式が導かれます．まず(9)から，$a\mathrm{AP}^2+b\mathrm{BP}^2+c\mathrm{CP}^2$ を最小にするのは P = I (内心) のときで，最小値

は abc です．この問題はかつて数学検定 1 級に出題されたが，成績が大変に悪かった難問（？）の一つです．その原因の一つは，距離の 2 乗の和が最小になる点が重心だという思い込みが強すぎて，この場合は内心だという正答に気付かなかったせいと思われます．

ところで (10) から不等式

$$2(a^2b + a^2c + b^2a + b^2c + c^2a + c^2b)$$

$$\geqq a^3 + b^3 + c^3 + 9abc \tag{11}$$

が導かれます．但し (11) は任意の正の数 a, b, c については成立せず，付帯条件（三角形ができる関係式）

$$a < b + c, \ b < a + c, \ c < a + b \tag{12}$$

が必要です．不等式 (11) を付帯条件 (12) の下で直接に証明することも可能です．(12) の下では等号は $a = b = c$ に限りますが，(12) がないと，例えば潰れた三角形になる $a = 2b, \ b = c$ のときにも等号が成立します．

6 節での IH も (9) から計算したいが，それはとても繁雑なので，以下では（6 節で）直接に計算します．これは前著第 12 話の設問に対し，熱心な読者 H 氏が寄せた名答の一部です．

5. 内心と傍心との距離

頂点から内心 I までの距離は，内角の二等分線が対辺を二辺の比で内分することからも，また正弦定理からも容易に導くことができます．余りうまい方法とはいえませんが，(9) において点 P を頂点 A, B, C にとってできる等式

$$\left. \begin{array}{l} (2a+b+c)\mathrm{AI}^2 + b\mathrm{BI}^2 + c\mathrm{CI}^2 = bc(b+c) \\ a\mathrm{AI}^2 + (a+2b+c)\mathrm{BI}^2 + c\mathrm{CI}^2 = ca(c+a) \\ a\mathrm{AI}^2 + b\mathrm{BI}^2 + (a+b+2c)\mathrm{CI}^2 = ab(a+b) \end{array} \right\}$$

を連立一次方程式と考えて解いても，次の結果を得ます．

第2部　幾何学関係

$$\text{AI}^2 = \frac{bc(-a+b+c)}{a+b+c}, \ \text{BI}^2 = \frac{ca(a-b+c)}{a+b+c},$$

$$\text{CI}^2 = \frac{ab(a+b-c)}{a+b+c}$$

これから次の結果がでます.

$$a\text{AI}^2 + b\text{BI}^2 + c\text{CI}^2 = abc. \tag{13}$$

3個の傍心 E_A, E_B, E_C は (a,b,c) を順次 $(-a,b,c)$, $(a,-b,c)$, $(a,b,-c)$ に変更した場合に相当します. 例えば

$$\text{AE}_A^2 = \frac{bc(a+b+c)}{-a+b+c}, \ \text{AE}_B^2 = \frac{bc(a+b-c)}{a-b+c},$$

$$\text{AE}_C^2 = \frac{bc(a-b+c)}{a+b-c}$$

などが成立します. これから式(9)によって

$$\text{IE}_A^2 = \frac{4a^2bc}{(a+b+c)(-a+b+c)}, \quad (\text{IE}_B, \ \text{IE}_C \text{ も同様}) \tag{14}$$

を得ます. もっとも以上は式(9)を活用してみただけで, 直接に計算したほうが早いかもしれません.

内心 I との距離の公式がわかれば, 多くの場合 E_A (E_B, E_C も) からの距離の公式は, 前述の置き換えにより機械的に計算できます. 傍心にはこれ以上触れません.

以上の計算から OH の中点を Q (九点円の中心) とすると, (特に次節の IH の公式と中線定理により) $\text{IQ} = (R/2) - r$ が求められます. これは内接円が九点円に内接するというフォイエルバッハの定理の, 計算に基づく一つの証明です. この計算は特に課題にはしませんが, 興味ある読者への演習問題にしておきます.

6. I と H との距離

$\angle\text{IAH} = \theta$ とおくと, $\angle B$ と $\angle C$ の大小に応じて $\theta = |B-C|/2$ ですが $\cos\theta = \cos((B-c)/2)$ として構いません. 以下半角が頻出するので便宜上 $\beta = B/2$, $\gamma = C/2$ と置きます. $\text{AI} = 4R\sin\beta\sin\gamma$,

$AH = 2R \cos A$ が知られているので (図 2 参照), $\triangle AHI$ に余弦定理を適用して以下のとおりになります.

$$
\begin{aligned}
IH^2 &= (4R \sin\beta \sin\gamma)^2 + (2R \cos A)^2 \\
&\quad - 2(4R \sin\beta \sin\gamma)2R \cos A \cos\theta \\
&= 4R^2[4\sin^2\beta \sin^2\gamma + \cos^2 A \\
&\quad - 4\cos A(\sin\beta \sin\gamma \cos(\beta-\gamma))]
\end{aligned} \tag{15}
$$

まず (15) の [ ] 内を計算します. $\cos(\beta-\gamma)$ を展開すると

$$
\begin{aligned}
&4\sin\beta \sin\gamma \cos(\beta-\gamma) \\
&= 4\sin\beta \sin\gamma \cos\beta \cos\gamma + 4\sin^2\beta \sin^2\gamma \\
&= \sin B \sin C + 4\sin^2\beta \sin^2\gamma \quad (B = 2\beta,\ C = 2\gamma)
\end{aligned}
$$

であり, (15) の [ ] 内は

$$
\begin{aligned}
&4(1-\cos A)\sin^2\beta \sin^2\gamma + \cos A(\cos A - \sin B \sin C) \\
&= (1-\cos A)(1-\cos B)(1-\cos C) \\
&\quad - \cos A[\cos(B+C) + \sin B \sin C]
\end{aligned}
$$

となります. この末尾の [ ] 内は $\cos B \cos C$ に等しく, (15) の右辺は最終的に

$$
4R^2[(1-\cos A)(1-\cos B)(1-\cos C) - \cos A \cos B \cos C]
$$

となります. □

これから $(1-\cos A)(1-\cos B)(1-\cos C) \geqq \cos A \cos B \cos C$ (等号は正三角形に限る；前著第 12 話の設問) の別証ができました. この形で直接に計算して

$$
2IH^2 = 8R^2 + 4r^2 - (a^2 + b^2 + c^2) \geqq 0 \tag{16}
$$

を証明することも可能です.

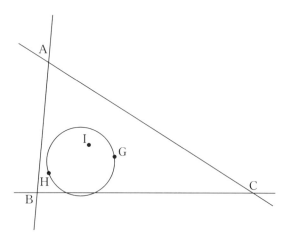

図 3　I は GH を直径とする円内にある

7. 内心は重心と垂心を直径とする円内にある

　一例は図 3 のとおりです．この図は Naoco (株) の小森恒雄氏にお願いしてコンピュータで描いて頂きました．同氏の御協力に深く感謝の詞をささげます．

　これを証明するには前記の不等式 (3) を示せばよく，それは式 (6)，(10)，(15) などから直接に計算できます．しかし図 4 のように GH の中点を改めて L とし，直接に

$$\text{IL} < \text{LG} = \text{OH}/3 \tag{17}$$

を示したほうが早いでしょう．O, G, L, H はオイラー線上に等間隔に並ぶので，中線定理から (図 4)

$$\text{IL}^2 = 2\text{GI}^2 + 2\text{GL}^2 - \text{IO}^2$$

です．したがって (17) を示すには不等式

$$2\text{GI}^2 + \text{OH}^2/9 < \text{IO}^2 \tag{18}$$

を示せば十分です．(2), (6), (10) を代入して整理すると，最後は $a, b, c (> 0)$ に関する 3 次式のよく知られた (?) ある不等式に帰着しま

なお標題の性質を，式(2), (8), (16)から直接にそれと同値な不等式
$$HO^2 > IH^2 + IO^2$$
の形で証明することも，(16) $\geqq 0$ と $R \geqq 2r$ とを組み合わせて可能です．

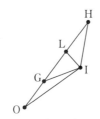

図4　中線定理の活用

注意　式(17)を別の(例えば初等幾何学的な)方法で直接に証明する工夫も期待します．また本文中にいくつか証明せずに使った公式を多数残しましたので，それらの詳しい証明を論じて下さるのも歓迎します．なお第2部の補充1も本話と関連があります．

参考文献　不等式(11)に対する「直接証明」は，いろいろ可能ですが，次の論文があります．

豊成敏隆，三角形の重心と内心の間の距離に関わる不等式について，日本数学教育学会高専・大学部会論文誌 vol.19(2012)p.65-70.

一松 信，九点円をめぐって(1), (2); 現代数学2019年3月号／4月号

設問 10

上記の計算を実行して式(18)，あるいは式(17)を証明せよ．

(解説・解答は239ページ)

第 1 部　幾何学関係

校正の折に追加

　最後に述べた重心 G と垂心 H を直径とする円には，まだ他にも興味ある性質があります．American Mathematics Monthly の問題の一つ（の発展）から次の性質がわかりました．

　頂点 A を通って，頂点 B において辺 BC に接する円と，頂点 A を通って，頂点 C において辺 BC に接する円との A 以外の交点を P_A とする．但し両円が外接するときには，$P_A = A$ と考える．同様に P_B, P_C を作る（図は省略）．このとき 3 点 P_A, P_B, P_C は重心と垂心を直径とする円周上にある．但しこれらの点が G, H などと一致する場合もある．

　私は重心座標を活用して計算によって証明しました．校正中に豊成敏隆氏から簡単な証明と綺麗な図を御教示頂きました．ここに紹介する余裕がなくて申し訳ありませんが，同氏に厚く感謝申します．

第⓫話　正七角形をめぐって

1. 今話の趣旨

　正七角形は定規とコンパスだけでは作図できないので，とかく敬遠されがちですが，色々と面白い性質があり，数学検定でも時折り関連問題が出題されています．その長短両対角線の長さが3次方程式で表され，それらが2本の2次曲線の交点の形で「作図可能」なことはアルキメデスが注意しています．中世にもいろいろの研究がありました．今話は数学検定1級に出題された，一辺の長さ1の正七角形の，短い方と長い方の対角線長それぞれの値 x, y に関する関係を数値について検討してみます．主題は幾何学よりもむしろ数値計算ですが，幾何編に入れました．

　一辺の長さが1，したがって半径 $R = 1/2\sin(\pi/7)$ の円に内接する正七角形の頂点を $P_0, P_1, \cdots, P_6$ とします(図1)．

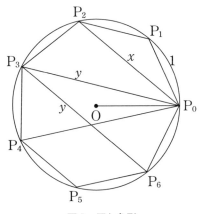

図1　正七角形

第2部　幾何学関係

2. 対角線長の方程式

　その求め方はいろいろありますが，円内四角形におけるトレミーの定理を活用するのが有用です．トレミーの定理は有名ですが，第9話の解答編に一つの証明を与えました．添え字を $\bmod 7$ で考えると，$P_iP_{i+1}=1$, $P_iP_{i+2}=x$, $P_iP_{i+3}=y$ ですから

$$P_0P_1P_2P_3 \text{ から } x^2=y+1 \tag{1}$$

$$P_0P_2P_3P_4 \text{ から } xy=x+y \tag{2}$$

$$P_6P_0P_2P_3 \text{ から } y^2=xy+1 \tag{3}$$

を得ます．他にも多くの方程式が出ますが，本質的なのは上記3式(但し互いに独立ではない)です．これから x,y の一方を消去する方法は，定跡とはいえ，いろいろ可能です．以下の計算はその一例です．

　まず(1)から $y=x^2-1$ であり，これを(2)に代入すると

$$x^3-x=x^2+x-1 \Longrightarrow x^3-x^2-2x+1=0 \tag{4}$$

を得ます．他方(3)に(2)を使うと $y^2=xy+1=x+y+1$，すなわち $x=y^2-y-1$ です．これを(2)に代入すれば

$$y^3-y^2-y=y^2-1 \Longrightarrow y^3-2y^2-y+1=0 \tag{5}$$

を得ます．(2)を変形した式

$$(x-1)(y-1)=1 \ , \ 1/x+1/y=1 \tag{2'}$$

も検算などに有用です．$y=x^2-1$ を(3)に代入すると4次方程式 $x^4-2x^2+1=x^2+x$ が出ますが，これは $(x+1)$ で割ると(4)に帰着されます．

　方程式(4), (5)から x,y はともに代数的整数(主係数が1の整係数代数方程式の解)です．当面の課題で必要なのは(4), (5)の1より大きい解(それぞれ1個)です．(4), (5)はともに3実数解(2個正，1個負)をもち，大きい方からそれぞれ $x_1,x_2,x_3;y_1,y_2,y_3$ とすると，次の関係式が成立します：

$$x_1y_2=1, \ x_2y_1=1, \ x_3y_3=1, \ x_2+y_2=1$$
$$y_3=-(x_1-1)<0, \ x_3=-(y_1-1)<0 \tag{6}$$

もっともこれらは(4), (5)を解いた後で明確になる後智恵ですが，関係

第**11**話　正七角形をめぐって

式 (2) や (4) と (5) の相反性 (一方の解の逆数が他方の解) などを反映しており，数値解法にも有用です．

ところで図形的には，対角線の長さ x_1, y_1 は三角比を使って，次のように表されます：

$$x_1 = \frac{2\sin(2\pi/7)}{2\sin(\pi/7)} = 2\cos\frac{\pi}{7},$$

$$y_1 = \frac{2\sin(3\pi/7)}{2\sin(\pi/7)} = 4\cos^2\frac{\pi}{7} - 1 \tag{7}$$

$$= 2\cos\frac{2\pi}{7} + 1$$

3 次方程式 (4)，(5) はともに 3 実解をもち，実数の四則と累乗だけでは解けません．その数値解が今話の主題ですが，少し別の面から眺めてみましょう．(7) を直接に計算することも視野に入れます．

3.　7 分角の三角比

便宜上 $\theta = 2\pi/7$ $(= 51.428571°)$ とおき，$\cos\theta, \cos 2\theta, \cos 4\theta$ $(= \cos 3\theta)$ に関する等式を調べます．複素数 $\omega = \cos\theta + i\sin\theta$ は $\omega^7 = 1$, $\omega^6 + \omega^5 + \omega^4 + \omega^3 + \omega^2 + \omega + 1 = 0$ を満足し，

$$\cos\theta = \cos 6\theta, \ \cos 2\theta = \cos 5\theta, \ \cos 3\theta = \cos 4\theta \tag{8}$$

から，まず次の等式を得ます：

$$\cos\theta + \cos 2\theta + \cos 4\theta = -1/2 \tag{9}$$

次に $\cos(\alpha + \beta) + \cos(\alpha - \beta) = 2\cos\alpha \cdot \cos\beta$ に注意すると，(8) から

$$\cos\theta \cdot \cos 2\theta + \cos\theta \cdot \cos 4\theta + \cos 2\theta \cdot \cos 4\theta$$

$$= (1/2)[\cos 4\theta + \cos 2\theta + \cos 5\theta + \cos\theta + \cos 3\theta + \cos 6\theta]$$

$$= -1/2 \tag{10}$$

を得ます．同様にして

$$\cos\theta \cdot \cos 2\theta \cdot \cos 4\theta = (1/2)\cos 4\theta \,[\cos 3\theta + \cos\theta]$$

$$= (1/4)[\cos\theta + \cos 3\theta + \cos 2\theta + 1] \tag{11}$$

$$= (1/4)(1 - 1/2) = 1/8$$

第 2 部　幾何学関係

です．(11) は左辺に $8\sin\theta$ を掛け，$\sin$ の倍角公式を 3 度使った結果が $\sin 8\theta = \sin\theta \neq 0$ に等しいことからも証明できます．(9), (10), (11)から $x = -2\cos\theta,\ -2\cos 2\theta,\ -2\cos 4\theta$ が

$$x^3 - x^2 - 2x + 1 = 0 \tag{4'}$$

の 3 個の解であることがわかります．(4') は (4) とまったく同じ方程式ですから，(4) の解は，おのおのの値の正負に注意して次のようになります．

$$x_1 = -2\cos 4\theta = 2\cos(\theta/2),$$
$$x_2 = -2\cos 2\theta,\ x_3 = -2\cos\theta$$

この第 1 式は (7) の最初の式と整合しています．

次に (5) は $y = 1/x$ と置き換えると (4) に帰着し，(6) の最初の 3 式が成立します．この最大の正の解 $-1/(2\cos 2\theta)$ が (7) と整合することを確かめましょう．$x = -2t$ と置くと (4) は

$$-8t^3 - 4t^2 + 4t + 2 = 1 \Longrightarrow -2(2t+1)(2t^2-1) = 1 \tag{4''}$$

です．$t = \cos\theta\,(x = -2\cos\theta)$ が (4) の一つの解なので，これを (4'') に代入すると

$$(y_1 =)\ 2\cos\theta + 1 = -1/2(2\cos^2\theta - 1)$$
$$= 1/(-2\cos 2\theta)$$

となって，所要の等式が示されました．結論は式(7)の最後の式です．

4.　方程式の数値解（一つの工夫）

こうなると 3 次方程式 (4), (5) の数値解を求めるには，それらをそれぞれニュートン法などで解くよりも，本書第 17 話で扱う「三角比の近似値」の計算を工夫したほうが速いかもしれません．それらが今話の設問ですが，ちょっと別の工夫をしてみます．

$\pi/7$ は度で $180°/7 \doteqdot 25.°71$ であり，その $\cos$ はほぼ 0.9，したがって $x_1 \doteqdot 1.8$ です．また $2\theta = 4\pi/7 \doteqdot 102.°9$ で，$-\cos(2\theta) = \sin(\theta/4) = \sin(\pi/14) \doteqdot \pi/14$ から $y_1 \doteqdot 7/\pi \doteqdot 2.23$ です．これらを第 1 近似にとり，式(1), (2)から $x_1 = 1.8 + \delta$，$y_1 = 2.23 + \varepsilon$ として第 2 近似を求める

100

と, 2次以上の項を無視して

$$1.8^2 + 3.6\delta + \delta^2 = 2.23 + \varepsilon + 1 \implies 3.6\delta - \varepsilon = -0.01$$

$$0.8 \times 1.23 + 0.8\varepsilon + 1.23\delta + \delta\varepsilon = 1 \implies 1.23\delta + 0.8\varepsilon = 0.016$$

これを δ, ε の連立一次方程式として解くと

$$\delta = 0.00228, \quad \varepsilon = 0.01705 \, ;$$

$$x_1 = 1.8023, \quad y_1 = 2.2470$$

となります. 最後の結果は小数点以下 3 位まで正しい値です.

5. 三角比の直接計算

式 (7) に従って $\cos(\pi/7)$ をテイラー展開で直接に計算すると, $\pi/7 \fallingdotseq 0.4487989$, $(\pi/7)^2 \fallingdotseq 0.2014204$, $(\pi/7)^4/24 \fallingdotseq 0.0016904$ です. 3 桁程度なら 4 乗の項までで十分で

$$\cos(\pi/7) \fallingdotseq 1 - 0.1007102 + 0.0016904$$
$$= 0.9009802$$
$$x_1 \fallingdotseq 1.8019604 \implies x_1 = 1.802$$

と簡単に計算できます. このほうが代数方程式 (4), (5) をニュートン法などで解くよりも, かえって楽かもしれません.

率直にいって数学検定 1 級に出題された正七角形の問題は, 結果的に「失敗」の印象を受けました. トレミーの定理を活用して代数方程式 (4) を作り, それをニュートン法などで近似的に解くという出題者の趣旨が十分に通ぜず, その種の解答はごく少数でした. 比較的多くていくらかましな解答 (?) は, 上述のように $\cos(\pi/7)$ の値を直接に計算する方式でした. 近似値だけならそれでもよいが, x が代数的整数だと確認する狙いは完全に外れた (?) 印象でした.

もちろん「実用上」にはそれで十分と思います. 定規とコンパスだけでは作図できないからといって, 敬遠する必要はないでしょう. 下記の今話の設問はいささかこだわりすぎですが, 方程式 (4), (5) を直接に (近似的に) 解くことです.

第2部　幾何学関係

━━━━━━━━━━━━━ 設 問 11 ━━━━━━━━━━━

一辺長 1 の正七角形の短，長の対角線長 x, y を表す代数方程式

$$x^3 - x^2 - 2x + 1 = 0 \qquad (4)$$

$$y^3 - 2y^2 - y + 1 = 0 \qquad (5)$$

について，その最大な正の解（それが所要の対角線長）の数値を，それぞれ直接にニュートン法などで求めよ．

四則演算可能な電卓を使ってよい．それぞれ小数点以下 4 桁を四捨五入した値で十分とする．

（解説・解答は 242 ページ）

第12話 直方体の皮と身

1. 問題の意味

単位立方体を積み重ねて辺長が整数 $l \times m \times n$ の直方体を作る．そのうち外側から直接に見える単位立方体全体を「皮」，それ以外の (内部にある) 部分を「身」とよぶ．「皮」と「身」の体積が等しい直方体をすべて求めよ．

これは数学検定 (準1級) の問題の中から「よい問題」に，題材が面白いという理由で選ばれた問題の一つです (図1)．

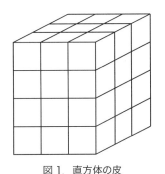

図1. 直方体の皮

もしも平面上の $m \times n$ の長方形ならば，条件は
$$2(m-2)(n-2) = mn \quad (身の部分が半分) \tag{1}$$
となります．これは容易に
$$mn - 4m - 4n + 8 = 0 \Rightarrow (m-4)(n-4) = 8 \tag{2}$$
と変形され，$8 = 1 \times 8 = 2 \times 4$ という分解から

$$m-4=1,\ n-4=8 \Rightarrow m=5,\ n=12$$
$$m-4=2,\ n-4=4 \Rightarrow m=6,\ n=8$$

の 2 解を得ます．どちらも (1) を満たします (図 2)．ここで $8=(-1)\times(-8)=(-2)\times(-4)$ という分解では，m, n の値が負になるので捨てます (以下でも同様)．

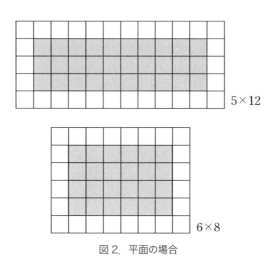

5×12

6×8

図 2. 平面の場合

3 次元の場合は同様に方程式が

$$2(l-2)(m-2)(n-2) = lmn \tag{3}$$

です．(3) の整数解を求める工夫が今話の主題です．以下一般性を失うことなく $l \leq m \leq n$ と仮定します．

なお本話の内容は実質的に不定方程式 (整数解) なので，代数編に入れるのが適当ですが，標題から幾何編に加えました．

2. 解は有限個

最小辺 $l=1, 2$ は無意味です (すべて皮)．$l=3, 4$ のときに解がないことは (3) からも図形からもわかります．一方 $l \geq 10$ では解はありませ

ん. $n \geqq m \geqq l$ としたので，これから不等式

$$\frac{n-2}{n} \geqq \frac{m-2}{m} \geqq \frac{l-2}{l} \geqq \frac{8}{10},$$

$$\frac{2(l-2)(m-2)(n-2)}{lmn} \geqq \frac{2 \times 8^3}{10^3} = \frac{128}{125} > 1$$

が成立し，(3)が成立しなくなります(身の方が多い).

l を定めれば (2) のような 2 変数の不定方程式になり，それぞれの解 (m, n) の個数は有限個なので，(3) の解は $l = 5, 6, 7, 8, 9$ のおのおのに対する解を総合して全体で有限個です．以下この線に添って(3)の解を求めます．

3. $l = 5, 6, 8$ の場合

これらの場合には (2) と同様の不定方程式を得ます．一般的に (3) を展開して整理すると

$$(l-4)mn = (4l-8)(m+n-2) \tag{3'}$$

となります．$l = 5$ のときは

$$mn - 12(m+n) + 24 = 0 \Rightarrow (m-12)(n-12) = 120 \tag{4}$$

$l = 6, 8$ のときは最初の係数それぞれ $(2, 4)$ が約されて，結果はそれぞれ

$$mn - 8(m+n) + 16 = 0 \Rightarrow (m-8)(n-8) = 48 \tag{5}$$

$$mn - 6(m+n) + 12 = 0 \Rightarrow (m-6)(n-6) = 24 \tag{6}$$

となります．(4), (5), (6)はいずれも右辺を約数の積の形に分解すると，表1のような解の組を得ます(負の約数は不要)．

105

第 2 部　幾何学関係

表 1　$l = 5, 6, 8$ のときの解

$l = 5$ のとき			$l = 6, 8$ のとき			
右辺の分解	m	n	右辺の分解	m	n	
1×120	13	132	1×48	9	56	
2×60	14	72	2×24	10	32	
3×40	15	52	3×16	11	24	
4×30	16	42	4×12	12	20	
5×24	17	36	6×8	14	16	
6×20	18	32	1×24	7	30	*
8×15	20	27	2×12	8	18	
10×12	22	24	3×8	9	14	
			4×6	10	12	

右下の横線以下は $l = 8$ のとき；＊は $(7, 8, 30)$ と解釈できる.

後述のように, (3) の解はこのほかに $l = 7$ に対する下記の解 (7) の 4 個があります. 但し $(7, 8, 30)$ が重複し, 全体で 20 組です.

4.　$l = 7$ の場合

このときには (3') は $3mn = 20(m + n - 2)$ となります. したがって $m + n - 2 = 3k$ (3 の倍数), $mn = 20k$ となりますが, これを 2 次方程式にして整数解をもつ k を探すのは大変です. むしろ以下のように m について個別に計算したほうが早いでしょう.

$m \geqq 7$ を定めれば $n = 20(n - 2)/(3m - 20)$ と定まり, m が増加すれば n は減少します. $m = n$ となるのは

$$3m^2 - 40m + 40 = 0 \Rightarrow m = \frac{1}{3}(20 + \sqrt{280}) < \frac{1}{3}(20 + 17) < 13$$

($-\sqrt{\ }$ は $l = 7$ 以下で対象外) ですから, $m = 7 \sim 12$ について個別に n を求めると, (l, m, n) の整数解は次の 4 通りです.

$$(7, 7, 100), \ (7, 8, 30), \ (7, 9, 20), \ (7, 10, 16). \tag{7}$$

実際には $m = n$ のときの値を計算せず, m に対する n の値が m 以下

になったら打ち切るとして構いません．冒頭の検定問題で実際に出題された のは $l = 7$ の場合だけでした．

次節で論ずるように $l = 9$ に対する新たな解はないので，当初の問題 の解は前述のように合計 20 通りです．

5. $l = 9$ の場合

このときは $(3')$ は $5mn = 28(m+n-2)$ となります．したがって $m+n = 5k+2$, $mn = 28k$ と表され，m か n が 7 の倍数になりますが， 前節と同様に考えます．$n = 28(m-2)/(5m-28)$ です．そして $m = n$ となるのは $5m^2 - 56m + 56 = 0$ の解であり

$$m = \frac{28 + \sqrt{504}}{5} < \frac{28 + 23}{5} < 11$$

$$(-\sqrt{} \text{ は 9 以下で論外})$$

なので，$m = 9, 10$ を調べれば十分です．しかしいずれの場合も $n = \dfrac{28(m-2)}{5m-28}$ は整数にならず，新たな解はありません．順序を問わず 9 を含む解は前出の $(6,9,56)$, $(7,9,20)$, $(8,9,14)$ があります．これら はいずれも 7 の倍数を含みます．表 1 の最後に $(8,10,12)$ と全体として 等差数列になる解があり，この型の解が「最後の解」を表します．

$l = 9$ で新規の解がないことは，次の不等式

$$\frac{7}{9} \cdot \frac{7}{9} \cdot \frac{10}{12} = \frac{245}{486} > \frac{1}{2} \; ;$$

$$\frac{7}{9} \cdot \frac{8}{10} \cdot \frac{9}{11} = \frac{28}{55} > \frac{1}{2}$$

と，$(9,9,9)$, $(9,9,10)$, $(9,9,11)$, $(9,10,10)$ がいずれも条件を満たさな いことから，直接に示すこともできます．

第 2 部　幾何学関係

6. 類似の問題

図形的には片側だけを皮とした場合ですが，不定方程式

$$2(l-1)(m-1)(n-1) = lmn,$$

$$0 < l \leqq m \leqq n \tag{8}$$

の解は，同様にして次の 5 組だけであることが容易に確かめられます(証明は上と同様；ここでは省略).

$$(3,5,16),\ (3,6,10),\ (3,7,8),\ (4,4,9),\ (4,5,6).$$

このほうが (3) よりもかえって楽です．手始めには (8) をまず考察するのが適切かもしれません.

平面の場合に戻って $a (> 1)$ を正の整数とするとき

$$2(m-a)(n-a) = mn \tag{1'}$$

は $(m-2a)(n-2a) = 2a^2$ と変形され，この右辺を $1 \times 2a^2$, $2 \times a^2$, $a \times 2a$ と分解すれば，少なくとも 3 組の解(但し一致も起こる)

$$m = 2a+1,\ n = 2a(a+1);$$

$$m = 2(a+1),\ n = a(a+2);$$

$$m = 3a,\ n = 4a$$

があります．a が合成数ならさらに多くの解があります.

一般化するならむしろ左辺の係数 2 を他の整数に拡張すべきですが，mn に 1 でない係数が掛けられると計算が厄介です.

7. 逆正接に関する問題

上記とは別ですが，もう一つ類似の課題に，逆正接の不定方程式があります．以下特に断らない限り，正の整数の逆数の arctan の値は 0 と $\pi/4$ の間とします．そして和の正接が 1 になる場合を考えます．手始めに 2 変数の場合

$$\arctan \frac{1}{n} + \arctan \frac{1}{n} = \frac{\pi}{4} \quad (m \leq n \text{ とする})$$

を考えると，正接の加法定理からこの関係は

108

$$1 = \left(\frac{1}{m} + \frac{1}{n}\right) \Big/ \left(1 - \frac{1}{mn}\right)$$

$$\Rightarrow mn - m - n - 1 = 0$$

となります. これは $(m-1)(n-1) = 2 = 1 \times 2$ となり, $m = 2$, $n = 3$ が唯一の解です.

次に3個の正の整数 l, m, n $(l \leqq m \leqq n)$ の逆数の和の場合

$$\arctan\frac{1}{l} + \arctan\frac{1}{m} + \arctan\frac{1}{n} = \frac{\pi}{4} \tag{8}$$

を考えます. $\tan\alpha = 1/4$ のとき $\tan(3\alpha) < 1$ なので最小の l は2か3 です. $l = 2$ とすると, 上述の結果から後の2項の和が $\arctan(1/3)$ であり, 方程式は整理して $(m-3)(n-3) = 10$ となります. この解は $10 = 1 \times 10 = 2 \times 5$ の分解から次の2組です:

$$(m = 4,\ n = 13)\ ;\ (m = 5,\ n = 8)$$

$l = 3$ のときは (8) の後の2項の和が $\arctan(1/2)$ に等しく, 方程式 は整理して $(m-2)(n-2) = 7$ となります. この解は $5 = 1 \times 5$ から $m = 3$, $n = 7$ だけです. 結局 (8) の解は, 次の3組です $((l, m, n)$ の順 に記す).

$$(2, 4, 13), (2, 5, 8), (3, 3, 7)$$

なお $l = 2$ に対する $5, 8, 13$ は, フィボナッチ数列と関連しています.

ところで以前に数学検定準1級に次の問題が出題されました.

$\tan\alpha = 1/2$, $\tan\beta = 1/5$, $\tan\gamma = 1/8$ の と き $\sin(\alpha + \beta + \gamma)$ と $\cos(\alpha + \beta + \gamma)$ とはどちらが大きいか?

枝のとり方をどう決めても $\tan(\alpha + \beta + \gamma) = 1$ で $\sin$ と $\cos$ の値は等 しくなります. 気がつけば易しい問題でしたが, 計算誤りが意外に多く, 誤った計算結果から大小を答えた解答もあって成績は余りよくありませ んでした. 両者が等しいのに, 「どちらが大きいか」と問うたのに, 惑わ されたのかもしれません. なお角の和を $\pi/4$ (または $3\pi/4$) にこだわる のは, θ が π の有理数倍で $t = \tan\theta$ が有理数なのは, $t = 0, 1, -1$ に 限ることが知られているためです.

第 2 部　幾何学関係

8. 逆正接関数の他の例

これはまったくの余談ですが，前節の逆正接の等式を変形した次の等式を考えます (l, m, n は正の整数)

$$\arctan \frac{1}{m} + \arctan \frac{1}{n} = \arctan \frac{1}{l} \quad (l \leqq m \leqq n) \tag{9}$$

これは加法定理から，不定方程式

$$mn - (m+n)l = 1 \tag{9}'$$

に帰着されます．前節で $(1, 2, 3)$，$(3, 5, 8)$ といった特殊解の組があることに注意しました．実はフィボナッチ数列を使うと，(9) に無限個の解があることが確かめられますので，その話について一言します．上述の例は実は以下の特別な場合です．

フィボナッチ数列はおなじみですが，次のように定義されます．

$$f_0 = 0,\ f_1 = 1,\ k \geqq 1 \text{ に対し } f_{k+1} = f_k + f_{k-1}. \tag{10}$$

補助定理　この記号の下で行列式

$$d_k = \begin{vmatrix} f_k & f_{k+2} \\ f_{k+1} & f_{k+3} \end{vmatrix} \quad \text{は漸化式} \quad d_{k+1} = -d_k \tag{11}$$

を満たす．

略証　d_k の定義行列式で第 1 行に第 2 行を加えれば

$$d_k = \begin{vmatrix} f_{k+2} & f_{k+4} \\ f_{k+1} & f_{k+3} \end{vmatrix} = -d_{k+1} \quad （行の交換）$$

となる．□

$d_0 = -1$，$d_1 = 1$ から $d_{2k} = -1$，$d_{2k+1} = 1$（まとめて $d_n = (-1)^{n-1}$）です．d_k の式を展開すると

$$d_k = f_k f_{k+3} - f_{k+1} f_{k+2} = -[f_{k+1} f_{k+2} - f_k (f_{k+1} + f_{k+2})]$$

ですから，$l = f_k$，$m = f_{k+1}$，$n = f_{k+2}$ とおけば，(9) の左辺の値が $-d_k$ になります．したがって k を偶数番にとった ($k \geqq 2$) 三つ組 (f_k, f_{k+1}, f_{k+2}) が (9) を満たします．前の例 $(1, 2, 3)$，$(3, 5, 8)$ はそれぞれ $k = 2$，$k = 4$

110

の場合に相当します．以下(9)の解の組は無限にあります．またこれから
次の結果がでます．

$$\frac{\pi}{4} = \sum_{k=1}^{\infty} \arctan\frac{1}{f_{2k+1}} = \arctan\frac{1}{2} + \arctan\frac{1}{5} + \arctan\frac{1}{13} + \cdots$$

もっともこの級数は π の数値計算には不向きです．

以上をまとめて

$$\arctan(1/f_{2l}) = \arctan(1/f_{2l+1}) + \arctan(1/f_{2l+2}) \tag{12}$$

ですが，$f_{2l} \cdot f_{2l+1} + 1 = f_{2l-1}(f_{2l} + f_{2l+1})$ なので，

$\tanh t = (e^t - e^{-t})/(e^t + e^{-t})$ の逆関数 artanh によって

$$\operatorname{artanh}(1/f_{2l-1}) = \operatorname{artanh}(1/f_{2l}) + \operatorname{artanh}(1/f_{2l+1}) \tag{12'}$$

が成立します（末尾の参考文献[2]に注意されている）．

もちろん(9)は $(m-l)(n-l) = l^2 + 1$ と同値なので，例えば $(l, l+1, l^2+l+1)$ $(l = 1, 2, 3, \cdots)$ という解の無限列があります．$l^2 + 1$ が合成数なら，その因数 p, q $(pq = l^2 + 1)$ からさらに $m = l+p$, $n = l+q$ という解もできます．

さらに(9)あるいは(9')の関係を満たす正の整数の組 (l, m, n) は，興味深い組が他にも多数あります．末尾参考文献[1]は，$\sqrt{2}$ の近似有理数列の組合せ（それはペル方程式 $x^2 - 2y^2 = 1$ の解の列と関連する）が，(9)を満足するという注意です．

参考文献

[1] 塚田大祐，$\sqrt{2}$ の近似分数列と arctan の関係，数学セミナー，2017 年 11 月号，NOTE 欄，p.50-51

[2] 柳田五夫，数論の練習問題から，数研通信・数学 no.90，数研出版，2017，p26-29．

9. 今話の課題（4次元の場合）

いささか問題のための問題ですが，4次元の超立方体について同様の問題を考えてみます．但し本来の

第 2 部　幾何学関係

$$2(k-2)(l-2)(m-2)(n-2) = klmn$$

は解は有限個ですが余りに多すぎるので，それを簡易化した

$$2(k-1)(l-1)(m-1)(n-1) = klmn \tag{12}$$

の正の整数解 ($k \leqq l \leqq m \leqq n$ と標準化して) を設問にします．これにも多数の解があるので，下記のように区分します．

━━━━━━━━━━ **設 問 12** ━━━━━━━━━━

　上述の不定方程式 (12)：$k \leqq l \leqq m \leqq n$ の整数解について ($k = 2$ は無意味だが) 考える．

[1]　$k = 3$ に対する解をすべて求めよ．

[2]　$k = 4$ に対する解をすべて求めよ．

[3]　$k = 5$ に対する解は $(5,5,6,16)$, $(5,6,6,10)$, $(5,6,7,8)$ の 3 種だけで，$k \geqq 6$ である解は存在しないことを証明せよ．

　　[3]は必須；[1]と[2]はいずれか一方だけでもよい．

（解説・解答は 244 ページ）

第❶❸話　　立方体の正射影

1. 問題の発端

　　ずっと昔，私が小学生の頃，立方体の図を描けといわれて図1のような図を描いた記憶があります．その折には何ということもなかったものの，何となく違和感が残りました．実際に図1は斜め投影であって正射影ではなく，立方体がこのように「見える」ことはありません．正射影ならばむしろ図2のような正六角形を描いたほうがよかったのかと後で気づきました．

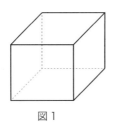
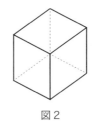

図1　　　　　　　図2

　　図2は立方体には見えないという方が多いかもしれません．しかし後年私自身，ある建築物でこのような形の色とりどりの菱形を敷きつめた広間の床を見下したとき，多数の立方体が積み上げられているように見え，しかも動くとそれらの立方体の位置関係が変わって見えたのに驚いた体験があります．

　　では立方体をある平面に正射影したとき，正しくはどんな形になるでしょうか？　特に一頂点をその面上の定点に固定して，そこから出る3本の辺を正射影したとき，隣接3頂点の射影の位置関係がどうか，またそのうち2点を与えたとき3点目が一意的に定まって，それらからもと

第 2 部　幾何学関係

の立方体の一辺の長さ l がわかるのか？ などが研究課題です．これまでに，これを論じた「論文」も多数ありますが，改めて考えてみます．

　この問題は投影図を考える面を**複素数平面**とし，固定された一頂点を原点 0 にとると便利です．隣接 3 頂点の投影点を表す複素数を α, β, γ とするとき，関係式

$$\alpha^2 + \beta^2 + \gamma^2 = 0 \tag{1}$$

$$l = \sqrt{(|\alpha|^2 + |\beta|^2 + |\gamma|^2)/2} \tag{2}$$

が成立します（後述）．それらが今回の目標です．(1), (2) は以前に数学検定(1級)に出題されたが，成績が悪かったという体験があります．

　「(1) の左辺が定数」という命題を信用するなら，その定数値が 0 であることは，ほぼ自明です．立方体を投影面に垂直な軸のまわりに回転すれば，(1) に絶対値 1 の定数が掛けられてその値が不変なので，定数値は 0 でなければなりません．しかしまず，(1), (2) を直接に証明します．

2. 一つの基本補助定理

　いささか唐突ですが次の補助定理が基本です．

補助定理 1　n^2 個の実数 $\{a_{ij}\}$ $(i, j = 1, \cdots, n)$ が条件

$$\sum_{k=1}^{n} a_{ik}^2 = 1 \qquad (i = 1, \cdots, n) \tag{3}$$

$$\sum_{k=1}^{n} a_{ik} a_{jk} = 0 \quad (i \neq j) \tag{4}$$

を満足すると仮定すると，次の等式が成り立つ．

$$\sum_{i=1}^{n} a_{ik}^2 = 1 \qquad (k = 1, \cdots, n) \tag{5}$$

$$\sum_{i=1}^{n} a_{ij} a_{ik} = 0 \quad (j \neq k) \tag{6}$$

第**⑬**話 立方体の正射影

証明 i を行番号，j を列番号とした n 次正方行列 $A=[a_{ij}]$ を考える．この転置行列を $A^T=[a_{ji}]$ とすると，条件 (3), (4) は行列の積で，直交行列性：

$$A \cdot A^T = [\delta_{ij}] = I \quad (\text{単位行列})$$

を意味する．すなわち A は**直交行列**であり，その右逆行列と左逆行列は同一だから $A^T \cdot A = I = [\delta_{jk}]$ でもある．これを成分ごとに書き下せば，(5), (6) を得る．□

系2 3次元空間に相異なる 3 点 (x_k, y_k, z_k) があり $(k=1,2,3)$，l を正の定数として

$$x_k^2 + y_k^2 + z_k^2 = l^2,$$
$$x_j x_k + y_j y_k + z_j z_k = 0 \quad (j \neq k) \tag{7}$$

ならば，次の関係式が成立する：

$$\left.\begin{aligned}
x_1^2 + x_2^2 + x_3^2 &= y_1^2 + y_2^2 + y_3^2 \\
&= z_1^2 + z_2^2 + z_3^2 = l^2, \\
x_1 y_1 + x_2 y_2 + x_3 y_3 &= y_1 z_1 + y_2 z_2 + y_3 z_3 \\
&= z_1 x_1 + z_2 x_2 + z_3 x_3 = 0
\end{aligned}\right\} \tag{8}$$

逆も正しい．

略証 $a_{1k}=x_k/l$, $a_{2k}=y_k/l$, $a_{3k}=z_k/l$ とおけば，補助定理 1 の $n=3$ の場合に該当する．逆は転置行列 A^T について考える．□

このように行列を活用すればほぼ自明に近い結果ですが，それを知らずに直接に証明しようとすると，$n=3$ の場合でも大変です（$n=2$ のときは三角関数を活用すれば容易）．半分伝説ですが，昭和の初めの頃 (1930 年代) 東京大学・中川銓吉教授（当時）が，上述の系 2 の証明を初学年の学生に必ずやらせたと伝えられています．それは行列の威力を示す意図だったようです．

115

第 2 部　幾何学関係

3.　当初の正射影の問題に戻って

　当初の問題は立方体 ABCD–EFGH の一頂点 A を (x, y, z) 空間の原点 O に固定し，その隣の 3 頂点 B, D, E を，複素数平面とみなした (x, y) – 平面に正射影し，それらの射影点を複素数 α, β, γ で表したとき，α, β, γ の満たすべき条件です(結果は冒頭の式(1), (2))．

　3 頂点 B, D, E の 3 次元座標を順次 (x_1, y_1, z_1), (x_2, y_2, z_2), (x_3, y_3, z_3) とし，立方体の一辺の長さを l とすると，3 本のベクトル $\overrightarrow{AB}, \overrightarrow{AD}, \overrightarrow{AE}$ は互いに直交する長さ l のベクトルですから，式(7)が成立します．したがって上述の系 2 により式(8)が成立します．式(8)から $i = \sqrt{-1}$ (虚数単位)として

$$\alpha = x_1 + iy_1, \ \beta = x_2 + iy_2, \ \gamma = x_3 + iy_3 \tag{9}$$

とおくと，複素数の計算により

$$\alpha^2 + \beta^2 + \gamma^2 = (x_1^2 + x_2^2 + x_3^2) - (y_1^2 + y_2^2 + y_3^2)$$
$$+ 2i(x_1 y_1 + x_2 y_2 + x_3 y_3) = 0, \tag{1'}$$

$$|\alpha|^2 + |\beta|^2 + |\gamma|^2 = (x_1^2 + x_2^2 + x_3^2) + (y_1^2 + y_2^2 + y_3^2) = 2l^2 \tag{2'}$$

となります．これは所要の結果(1), (2)を意味します．　　　　□

　逆に平面上に 2 本のベクトル $\overrightarrow{OP}, \overrightarrow{OQ}$ があったとき，それらを 2 辺の正射影とする立方体の第 3 辺は，次のようにして構成できます．平面を複素数平面とし，0 を原点 O にとり，点 P, Q の表す複素数を α, β とすると，$\gamma = \sqrt{-(\alpha^2 + \beta^2)}$ の表す点 R が第 3 辺の正射影の端点であり，式(2)によって立方体の一辺 l が求められます．単位長 1 を定めればこれらの作図はすべて定規とコンパスだけで可能です．複素数 ξ の平方根は $\xi \neq 0$ ならば互いに反数である 2 個が存在します．どちらも立方体の正射影になりますが，図としては∠POQ 内にない方向に R をとるのがよいでしょう(図 3)．

116

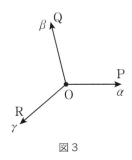

図 3

　数学検定においては残念ながら，行列を活用して前述の系 2 を示した解答はなく (それを試みた者はいたが)，中には絶対値に気づかずに直接に
$$l^2 = \alpha^2 + \beta^2 + \gamma^2 = 0?$$
として立ち往生した不運な (？) 方もありました．複素数自身の絶対値や 2 乗 (数としての) が活用される所に，座標やベクトルに基づく平面幾何とは一味違った面白さがあるように感じます．

4. 十分性の証明

　厳密にいうと (1) は必要条件にすぎません．逆に (1) を満たす α, β, γ があるなら，$x+iy$ 平面と垂直に z 軸をとり，α, β, γ の上にそれぞれ z_1, z_2, z_3 だけ離れた点 B, D, E をとって立方体ができることを示す必要があります (十分条件の証明)．

> **補助定理 3**　(1), (2) が成立するとき $l \geq |\alpha|, |\beta|, |\gamma|$ である．

証明　$|\alpha| \geq |\beta| \geq |\gamma|$ としてよい．$|\beta|, |\gamma|$ については自明で，α について示せばよい．$\alpha^2 = -(\beta^2 + \gamma^2)$ なので $|\alpha|^2 = |\beta^2 + \gamma^2| \leq |\beta|^2 + |\gamma|^2$ であり
$$2|\alpha|^2 \leq |\alpha|^2 + |\beta|^2 + |\gamma|^2 = 2l^2$$

第 2 部　幾何学関係

となって，$l \geqq |\alpha|$ である．　　　　　　　　　　　　　　　　　□

　したがって次の関係式を満たす実数 z_1, z_2, z_3：

$$z_1^2 = l^2 - |\alpha|^2, \quad z_2^2 = l^2 - |\beta|^2, \quad z_3^2 = l^2 - |\gamma|^2 \tag{10}$$

があります（正とは限らない）．定義から

$$z_1^2 + z_2^2 + z_3^2 = 3l^2 - (|\alpha|^2 + |\beta|^2 + |\gamma|^2) = l^2$$

です．ここで (z_1, z_2, z_3) が (x_1, x_2, x_3)，(y_1, y_2, y_3) と直交することを示せば，前に注意した補助定理 1 系 2 の逆命題によって (x_k, y_k, z_k) $(k = 1, 2, 3)$ が**直交系**であることが証明できます．しかし (10) にこだわると z_k の正負が厄介なので，改めて 3 次元ベクトルの外積を念頭に置き

$$z_1 = (x_2 y_3 - x_3 y_2)/l, \quad z_2 = (x_3 y_1 - x_1 y_3)/l,$$
$$z_3 = (x_1 y_2 - x_2 y_1)/l \tag{11}$$

と定義します．直交性は直接の計算でも，行列式の展開からでも証明できます．あと (11) で定義された z_k から

$$z_1^2 + z_2^2 + z_3^2 = l^2 \tag{12}$$

を証明すれば済みます．(12) は以下のように直接の計算で証明できます：

$$l^2 (z_1^2 + z_2^2 + z_3^2)$$
$$= (x_2 y_3 - x_3 y_2)^2 + (x_3 y_1 - x_1 y_3)^2 + (x_1 y_2 - x_2 y_1)^2$$
$$= x_2^2 y_3^2 + x_3^2 y_2^2 + x_2^2 y_1^2 + x_1^2 y_2^2 + x_1^2 y_3^2 + x_3^2 y_1^2$$
$$\qquad - 2(x_2 x_3 y_2 y_3 + x_3 x_1 y_1 y_3 + x_1 x_2 y_1 y_2)$$
$$= (x_1^2 + x_2^2 + x_3^2)(y_1^2 + y_2^2 + y_3^2)$$
$$\qquad - (x_1^2 y_1^2 + x_2^2 y_2^2 + x_3^2 y_3^2)$$
$$\qquad - 2(x_2 y_2 x_3 y_3 + x_3 y_3 x_1 y_1 + x_1 y_1 x_2 y_2)$$
$$= l^2 \cdot l^2 - (x_1 y_1 + x_2 y_2 + x_3 y_3)^2 = l^4 - 0 = l^4.$$

両辺を l^2 で割れば所要の式 (12) になります．　　　　　　　　　□

　これから逆に (10) が導かれます．まとめて次の結果を得ます．

第⓭話　立方体の正射影

> **定理4**　平面上の点 (x_1, y_1), (x_2, y_2), (x_3, y_3) が条件 (9) を満足すれば，(11) のように z_1, z_2, z_3 をとって3次元空間内に3点 $P_k : (x_k, y_k, z_k)$ $(k = 1, 2, 3)$ を作ると，ベクトル $\overrightarrow{OP_k}$ $(k = 1, 2, 3)$ は直交系で，その大きさは同一の l である．それから，OP_k を一頂点 O から出る3本の辺とする立方体ができる．

5.　正三角形の射影

定理4から次の結果が出ます．

系5　平面上の任意の三角形は3次元空間内のある正三角形の正射影として表される．

略証　x, y 平面を複素数平面とし，3頂点の表す複素数を α, β, γ とする．同じ平面上に ξ を

$$(\alpha - \xi)^2 + (\beta - \xi)^2 + (\gamma - \xi)^2 = 0 \tag{13}$$

のようにとれば，ξ を原点に平行移動したとき条件式 (1) が成立し，上記の定理4から，正射影がもとの三角形になるような正三角形 $P_1 P_2 P_3$ ができる．その一辺長 l は $l^2 = (|\alpha - \xi|^2 + |\beta - \xi|^2 + |\gamma - \xi|^2)/2$ で与えられる．

ここで方程式 (13) は ξ に対する2次方程式

$$3\xi^3 - 2(\alpha + \beta + \gamma)\xi + (\alpha^2 + \beta^2 + \gamma^2) = 0$$

であり，その解は

$$\xi = [\alpha + \beta + \gamma \pm \sqrt{-2(\alpha^2 + \beta^2 + \gamma^2 - \alpha\beta - \alpha\gamma - \beta\gamma)}]/3 \tag{14}$$

で与えられる．(14) の根号内はもとの三角形 $\alpha\beta\gamma$ が正三角形（結果は自明）のときのみ 0，それ以外なら 0 でなく，(14) の解は2個あるが，そのどちらも所要の結果を与える．　　　　　　　　　　　　□

証明は省略しますが，(14) で与えられる ξ は次のような幾何学的な意

119

味を持ちます：α,β,γ を頂点とする三角形のガウスの楕円 (重心 G を中心とし各辺の中点でその辺に接する内接楕円) を作る．その両焦点 F, F' を G を中心として直角だけ回転して $\sqrt{2}$ 倍した (G を中心として $\sqrt{2}\,i$ 倍した) 2 点が，(14) の 2 個の解を表す (図 4)． □

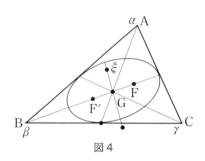

図 4

系 5 の別証　　与えられた $\triangle$ABC の 3 辺の長さを a,b,c とする．空間の正三角形の位置を上下してよいから一頂点を C に置き，A, B 上の頂点への高さを u,v とすると，条件式

$$a^2+u^2=l^2,\ b^2+v^2=l^2,\ c^2+(u-v)^2=l^2 \quad (l \text{ は一辺長}) \tag{15}$$

を得る．(15) を解くために

$$u^2 = l^2 - a^2,\ v^2 = l^2 - b^2,$$
$$2uv = c^2 + u^2 + v^2 - l^2 \tag{16}$$

として l^2 に関する方程式を，u^2v^2 の両様表現から作ると

$$4(l^2-a^2)(l^2-b^2) = (c^2-a^2-b^2+l^2)^2 \Rightarrow 3l^4 - 2(a^2+b^2+c^2)l^2$$
$$+(-a^4-b^4-c^4+2a^2b^2+2a^2c^2+2b^2c^2)=0$$

となる．これを l^2 について解くと

$$3l^2 = a^2+b^2+c^2+2\sqrt{a^4+b^4+c^4-a^2b^2-a^2c^2-b^2c^2} > 0 \tag{17}$$

を得る．これと (16) から u,v が求められる (u^2, v^2 の平方根の符号を積 uv の項に合わせる)． □

(17) で根号に ＋ をとったのは，− をとると，l^2 の値が小さすぎて $l > u,v$ が保証されなくなるからです．平方根の符号に注意は大事ですが，機械的に $\pm\sqrt{\ }$ で済ませるのではなく，当面の問題に合わない解を

第**⑬**話　立方体の正射影

捨てる注意が必要です.

6.　今話の設問

　当初補助定理 1 系 2 の直接証明を考えましたが, 単なる繁雑な計算なので, 多少飛躍しますが次の課題を提出します. 5 節の系 5 の類似は 3 次元空間では不成立という事実です.

━━━━━━━━━━━━━━ **設 問 13** ━━━━━━━━━━━━━━

　3 次元空間内の任意の四面体は, 必ずしも 4 次元空間内のある正四面体の正射影として表現することはできないことを確かめよ. 但しこれだけなら比較的容易なので, もしも十分な余裕があれば, 正四面体の正射影として表される四面体の性質 (必要または十分条件) などを考察してほしい.

━━━━━━━━━━━━━━━━━━━━━━━━━━━━━━━━━━━━

（解説・解答は 246 ページ）

第 **14** 話

球面三角法

1. 球面三角法とは

　球面三角法とは球面三角形に関する三角法，すなわちそのいくつかの辺や角を知って残りの辺や角を計算する技法（公式を求める）のことです．歴史的には天体観測への必要から平面三角法よりも先に発展し，非常に多くの公式が作られました．またかつては対数計算に便利なように式の変形が工夫されました．他方これは正の定曲率空間の幾何学の公式なので，形式的に球の半径を純虚数 iR にすると負の定曲率空間になり，非ユークリッド幾何学（双曲幾何学）の初期研究に指導原理として注目されたこともありました．

　現在でも位置天文学の他，球面で近似した地球表面上の位置計算などに活用されています．しかし明治・大正時代には，中学校（当時）の教程に入っていましたが，大勢として現在では「絶滅危惧種」の古典理論かもしれません．ただその諸公式は現在では空間ベクトルの応用として容易に導くことができるので，必要に応じて学習するのは難しくないと思います．

2. 球面三角形

　半径 R の球面で考えるのが一般的ですが，多くの場合 $R=1$ と標準化します．球面上の 2 点 A, B 間の最短距離線（測地線）は球の中心 O と A, B を通る平面による切り口（**大円**とよばれる）の劣弧であり，これが「直線」の役をします．**球面三角形** ABC（図 1）とは 3 個の大円の弧で囲

まれた球面上の図形です．

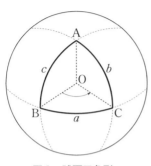
図1　球面三角形

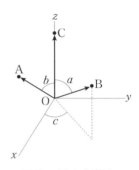
図2　ベクトル表示

その角は頂点における大円の面の間の角です．その辺長は弧の長さを球の半径で割った値，すなわちその弧のなす中心角で測ります．慣用に従って頂点 A, B, C での角を対応するイタリック体 A, B, C で，また辺を相対する頂点に応じて，弧長を BC = a, CA = b, AB = c と表します(中心角に相当)．

この他に面積 S を重要な補助量とします．外楕円・内楕円などはここでは扱わないことにします．

3. 球面三角形の基本公式

公式は多数ありますが，本質的なのは以下の3公式(1), (2), (3)です．おのおので一式しか挙げなくても，$A, B, C; a, b, c$ を巡回的に移動した公式が同時に成立します．

定理1（正弦余弦定理）
$$\cos c = \cos a \cdot \cos b + \sin a \cdot \sin b \cdot \cos C \tag{1}$$

系（(1)の共役形）　$\cos C = -\cos A \cdot \cos B + \sin A \cdot \sin B \cdot \cos c \tag{2}$

第⓮話　球面三角法

定理 2（正弦定理）
$$\frac{\sin A}{\sin a} = \frac{\sin B}{\sin b} = \frac{\sin C}{\sin c} \tag{3}$$

但し平面三角形の場合とは違って，(3) の比の値は，外接円の半径などと直接の関係はありません（後述 (6) 参照）．

証明　[定理 1] C を北極に，A を x, z 平面上にとると（図 2），ベクトル $\overrightarrow{OA}$, $\overrightarrow{OB}$, $\overrightarrow{OC}$ の成分はそれぞれ座標により

$(\sin b,\ 0,\ \cos b),$

$(\sin a \cos C,\ \sin a \sin C,\ \cos a),\ (0,\ 0,\ 1)$

と表される．$\cos c$ はベクトル $\overrightarrow{OA}$ と $\overrightarrow{OB}$ の内積に等しく，それは成分の積として (1) の右辺の式で表される．□

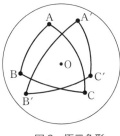
図 3　極三角形

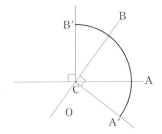
図 4　極三角形の関係

[系]　球面三角形の**極三角形**，すなわち頂点 A, B, C を極とする赤道の大円を 3 辺とする球面三角形 A′, B′, C′ を考える（図 3）．対応する量に ′ につけて表すと

$$a' = \pi - A,\ b' = \pi - B,\ c' = \pi - C, \\ A' = \pi - a,\ B' = \pi - b,\ C' = \pi - c \tag{4}$$

が成立する．(4) は図 4 に様式的に示したが，OC 方向から見ると OA′, OB′ が CB, CA の面と垂直で ∠A′OB′ = ∠C の補角などからわ

125

第2部 幾何学関係

かる.

三角形 $A'B'C'$ に (1) を適用すると

$$\cos c' = \cos a' \cdot \cos b' + \sin a' \cdot \sin b' \cdot \cos C'$$

である. (4) を代入して整理すると

$$\cos C = -\cos A \cdot \cos B + \sin A \cdot \sin B \cdot \cos c$$

となって (2) を得る. $\square$

なお平面三角形では, (2) の $\cos c = 1$ とした公式が成立します.

[定理 2] (1) を $\cos C$ について解き, $\sin^2 C = 1 - \cos^2 C$ を計算すると

$$\sin^2 C = 1 - \left(\frac{\cos c - \cos a \cdot \cos b}{\sin a \cdot \sin b} \right)^2$$

である. 分母は $\sin^2 a \cdot \sin^2 b$ であり, 分子は

$$\sin^2 a \cdot \sin^2 b - (\cos c - \cos a \cdot \cos b)^2$$
$$= (1 - \cos^2 a)(1 - \cos^2 b) - \cos^2 c + 2 \cos a \cdot \cos b \cdot \cos c - \cos^2 a \cdot \cos^2 b$$
$$= 1 - \cos^2 a - \cos^2 b - \cos^2 c + 2 \cos a \cdot \cos b \cdot \cos c = \Delta \ (とおく) \qquad (5)$$

となる. Δ は a, b, c について対称式であり,

$$\frac{\sin C}{\sin c} = \frac{\sqrt{\Delta}}{\sin a \cdot \sin b \cdot \sin c} \qquad (6)$$

をえる. (6) の右辺は a, b, c について対称式だから (3) が成立する. $\square$

なお $\sqrt{\Delta}$ は後述の式 (10) のように, 角 A, B, C の三角比でも表現できます.

注意 (2) の証明に極三角形を利用しましたが, (1) から直接にも証明できます. (1) とその巡回式から $\cos A$, $\cos B$ を求め, $\sin A$, $\sin B$ には (6) に相当する式を使用して右辺に代入して計算すると, 左辺と等しくなることが確かめられます. これは読者の計算演習課題とします.

126

以上の諸公式を活用すると，球面三角形の辺と角の 6 要素のうち任意の 3 個が与えられれば他の 3 個が計算できます．詳細は略しますが，読者各位で工夫してください．但し平面三角形と違って $A+B+C>180°$ ($=180°$ でない) であり，その和は一定でなく，3 個の内角 A,B,C は独立量です．

外接円の半径や，直角三角形などの特別な三角形に関する公式など，さらに多くの公式がありますが，以下では面積 S に関して論じます．

4. 球面三角形の面積

球面三角形の内角の和は $180°$ より大きいので，その和 (ラジアン単位) と π との差を**角過剰**とよびます．

> **定理 3**　球面三角形の面積 S は角過剰に比例する．$R=1$ とし全球面の面積を 4π とした**ステラジアン**単位で測れば，ラジアン単位の角過剰の数値をステラジアンに読み換えた値が面積の値を表す．

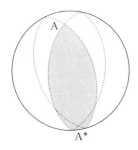
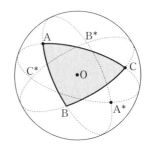

図 5　球面月形　　　　図 6　球面三角形による分割

これは曲面論の基本定理である「ガウス・ボンネの定理」の直接の結果なのですが，以下では直接に証明します．

証明　2 個の大円で囲まれた球面月形の面積は，両者間の角に比

第2部　幾何学関係

例する（図5）．球面三角形の各辺を延長し，頂点 A, B, C の対点を
A*, B*, C* とする（図6）．球面全体は8個の球面三角形に分割され，
互いに相対する三角形の対，例えば ABC と A*B*C* の面積は等しく，
ABC＋A*BC ＝ 月形 AA* の面積 2A などが成立する．それらを加え
ると

$$(2A-S)+(2B-S)+(2C-S)+S=2\pi \quad \text{（半球の面積）}$$

とまとめられる．整理すれば次の所要の式を得る：

$$S = A+B+C-\pi \tag{7} \quad \square$$

以下 S はこの形でラジアン単位とし，その三角関数値を考えます．

5.　球面三角形のヘロンの公式

　　以下定理1の後半のように標準化します．球面三角形の面積は角過剰
(7)で簡単に計算できますから，他の要素が与えられた場合には3内角を
計算して面積を求めるのが正道です．しかし3辺 a, b, c が与えられたと
き，直接に S（の三角関数）を計算する公式（ヘロンの公式の類似）があり
ます．それは実質的に

$$\sin S = \sin(A+B+C-\pi) = -\sin(A+B+C)$$
$$= \sin A \sin B \sin C - \sin A \cos B \cos C$$
$$- \sin B \cos C \cos A - \sin C \cos A \cos B \tag{8}$$

に正弦余弦定理や正弦定理を活用して，(8)の右辺を a, b, c の三角関数
で表現したものです．前述の公式(1)から $\cos$ を，(6)から $\sin$ を求めて，
それらを(8)に代入します．その分母は $\sin^2 a \cdot \sin^2 b \cdot \sin^2 c$ とまとまりま
す．分子は便宜上 $\alpha = \cos a$, $\beta = \cos b$, $\gamma = \cos c$ と略記すると，前の
記号(5)を使って

$$\sqrt{\Delta} \times [\Delta-(\beta-\alpha\gamma)(\gamma-\alpha\beta)-(\gamma-\alpha\beta)(\alpha-\beta\gamma)-(\alpha-\beta\gamma)(\beta-\alpha\gamma)]$$

となります．$\sqrt{\Delta}$ を除いた [　] 内を展開整理すると

第**⑭**話　球面三角法

$$1-\alpha^2-\beta^2-\gamma^2+2\alpha\beta\gamma-\beta\gamma-\gamma\alpha-\alpha\beta$$
$$+\alpha\beta^2+\alpha\gamma^2+\beta\gamma^2+\beta\alpha^2+\gamma\alpha^2+\gamma\beta^2-\alpha^2\beta\gamma-\beta^2\gamma\alpha-\gamma^2\alpha\beta$$
$$=1-(\alpha+\beta+\gamma)^2+\alpha\beta+\beta\gamma+\gamma\alpha$$
$$+(\alpha+\beta+\gamma)(\alpha\beta+\beta\gamma+\gamma\alpha)-\alpha\beta\gamma-\alpha\beta\gamma(\alpha+\beta+\gamma)$$
$$=(1+\alpha+\beta+\gamma)[1-\alpha-\beta-\gamma+\alpha\beta+\beta\gamma+\gamma\alpha-\alpha\beta\gamma]$$
$$=(1+\alpha+\beta+\gamma)(1-\alpha)(1-\beta)(1-\gamma)$$

とまとめることができます.この分母は $(1-\alpha^2)(1-\beta^2)(1-\gamma^2)$ と表されるので,約分して結局次の結果を得ます(Δ は式(5)).

定理4（球面三角形のヘロンの公式）
$$\sin S = \frac{\sqrt{\Delta}(1+\cos a+\cos b+\cos c)}{(1+\cos a)(1+\cos b)(1+\cos c)} \tag{9}$$

なお Δ は(2)を活用して計算すると,角 A, B, C の三角比により次のようにも表されます.

$$\sqrt{\Delta} = \frac{1-\cos^2 A-\cos^2 B-\cos^2 C-2\cos A\cos B\cos C}{\sin A\sin B\sin C} \tag{10}$$

平面三角形では,(10)の分子に相当する式の値は,つねに 0 になります.

6.　今話の設問 —— $\cos S$ の公式

実用上では前述の $\sin S$ よりも $1\pm\cos S$ の公式のほうが有用です.$\sin S$ の値がわかっても,S をどの象限にとってよいか迷ったとき,$1\pm\cos S$ の値が判定に使えます.単なる計算でできますが,次の両式の証明を設問にします.

球面三角法にはまだ直角三角形に対するネピアの法則とか,平面三角形のピタゴラスの定理に相当する定理など多数の話題があります.実例も省略しましたが,上述の記述をもとにしていろいろと発展的内容が考えられます.

129

第 2 部　幾何学関係

━━━━━━━ 設問 14 ━━━━━━━

上記の記号の下で次の両式を証明せよ.

$$1+\cos S = \frac{(1+\cos a+\cos b+\cos c)^2}{(1+\cos a)(1+\cos b)(1+\cos c)} \tag{11}$$

$$1-\cos S = \frac{1-\cos^2 a-\cos^2 b-\cos^2 c+2\cos a\cos b\cos c}{(1+\cos a)(1+\cos b)(1+\cos c)} \tag{12}$$

ヒント　$\sin^2 S = (1+\cos S)(1-\cos S)$ は 検 算 用 と し て, 直 接 $\cos S = -\cos(A+B+C)$ を加法定理で展開し, 正弦余弦定理などから出る $\cos A$, $\sin A$ などの式を代入して計算すればできます. なお $1-\cos S$ の式(12)の分子は前出の Δ (式(6))そのものです.

━━━━━━━━━━━━━━━━━━━━━━

（解説・解答は 248 ページ）

130

第2部 補充① 内心と外心の中点が重心になる三角形

1. 問題の起こり

　これは「現代数学」ではなく「古代の数学」ですが，一応記録しておく価値があると思いました．

　数学検定協会傘下の学習数学研究所主催で小学生対象の講習会を実施してきた所，熱心なある小学生が次のような「予想」を述べてきました．

　色々図を描いてみたところ，三角形の重心 G は内心 I と外心 O の中点になるらしい？

　重心座標にこだわって，外心・垂心と内心とは「別系統」の心だと思い込んでいた人間には，思いもよらない発想だと思います．大いに誉めるべきでしょう．

　但しこの「予想」自体が正しくないことは，例えば極端にひしゃげた鈍角三角形を描いてみればすぐにわかります．——もっとも三角形の図を描くときに，わざと鈍角三角形を描くのは，よほど「発想の豊かな変人」（？）でしょう．

　だとすれば改めて「このような性質をもつ三角形は何か？」という問題を考えてみたくなります．これは後述のように，特別な二等辺三角形に限ります．その事実を計算した方もありましたが，そのとき「二等辺三角形に限るか」という疑念が残りました．幸いそれも正しいことがわかったので，まとめて報告します．本来ならば講習会の関係者および予想を提出した小学生の方との共著にして発表すべきです

第 2 部　幾何学関係

が，私の名で記すことをお許し下さい．なお関連話題としては，IG と
OG の距離の大小に触れます．

2. 内心がオイラー線上に載るのは二等辺三角形

　標題の条件が成立するためには，まずオイラー線(外心と重心を結
ぶ直線)上に内心が載らなければなりません．このとき次の結果が証
明できます．

定理 1　内心がオイラー線上に載るのは，二等辺三角形(その対称
軸)に限る．

証明　初等幾何学的にもできるが，重心座標を使うと，以下のよ
うになる．3 辺の長さを a, b, c として，条件はこれら 3 個の心の重心
座標のなす行列式が 0，すなわち次の式になる：

$$\begin{vmatrix} 1 & a & a^2(-a^2+b^2+c^2) \\ 1 & b & b^2(a^2-b^2+c^2) \\ 1 & c & c^2(z^2+b^2-c^2) \end{vmatrix} = 0 \tag{1}$$

この第 3 列の成分を $a^2(a^2+b^2+c^2)-2a^4$ などと書き換えると，(1)
の左辺の行列式は，第 3 列に関する線型性により

$$(a^2+b^2+c^2)\begin{vmatrix} 1 & a & a^2 \\ 1 & b & b^2 \\ 1 & c & c^2 \end{vmatrix} - 2\begin{vmatrix} 1 & a & a^4 \\ 1 & b & b^4 \\ 1 & c & c^4 \end{vmatrix} \tag{2}$$

に等しい．この第 1 項の行列式は，ヴァンデルモンドの行列式で，基
本交代式 $(a-b)(b-c)(c-a)$ に等しい．第 2 項の行列式は同様の計算
で $(a-b)(b-c)(c-a)(a^2+b^2+c^2+ab+ac+bc)$ となる．したがって
最終的に (1) = (2) は

$$-(a-b)(b-c)(c-a)(a+b+c)^2, \quad (a+b+c)^2 > 0 \tag{3}$$

に等しい．(3) = 0 は基本交代式 = 0，すなわち $a=b$ または $b=c$ ま

たは $c=a$ を意味し，それは二等辺三角形に限る．□

そこで以下 AB = AC である二等辺三角形に限って計算します．底辺 BC を x 軸に，対称軸 AM (M は辺 BC の中点) を y 軸にとります．B, C の x 座標を ∓ 1，斜辺長を x とすると，A の座標は $(0, \sqrt{x^2-1})$ です．

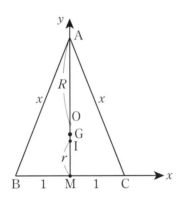

3. 二等辺三角形の諸心の位置

前節末のように標準化したとき，内心 I, 重心 G, 外心 O の y 軸上の y 座標をそれぞれ r, g, s と表します．まず $g = \sqrt{x^2-1}/3$ です．次に r は内接円の半径そのものであり，

$$r = \sqrt{x^2-1}/(x+1) = \sqrt{(x-1)/(x+1)} \tag{4}$$

です．外接円の半径を R とすると，s は

$$R+s = \sqrt{x^2-1}, \quad R = 2x^2/4\sqrt{x^2-1}$$

から

$$s = (x^2-2)/[2\sqrt{x^2-1}] \tag{5}$$

です．$x < \sqrt{2}$ なら $s < 0$ になります (鈍角三角形だから当然)．所要の条件は $r+s = 2g$ です．これは x に関する方程式

$$\frac{\sqrt{x^2-1}}{x+1} + \frac{x^2-2}{2\sqrt{x^2-1}} = \frac{2}{3}\sqrt{x^2-1} \tag{6}$$

第2部　幾何学関係

です．$6\sqrt{x^2-1}$ を掛けて整理すると

$$6(x-1)+3(x^2-2)-4(x^2-1)=0 \Rightarrow x^2-6x+8=0 \quad (6')$$

となり，この解は $x=2$ と $x=4$ です．

　$x=2$ は △ABC が正三角形の場合で，内心・外心・重心が一致します．この場合は除外します．$x=4$ すなわち AB＝AC＝2BC である二等辺三角形が所要のもので，実際にこのときは内心と外心の中点が重心です．

定理 2　内心と外心の中点が重心と一致する三角形は，正三角形を除外すると，斜辺：底辺の比が 2:1 の二等辺三角形に限る（証明は上述）．

　この三角形では $\cos A=7/8$，$\cos B=1/4$ です．不等式

$$\frac{7}{8}=\sqrt{\frac{49}{64}}>\sqrt{\frac{48}{64}}=\frac{\sqrt{3}}{2}=\cos 30°$$

からわかるように．この角は $30°$ に違いが，それよりも

$$[(7-4\sqrt{3})/8]\div(\sin 30°)\fallingdotseq 0,018 \text{ ラジアン（ほぼ } 1°)$$

ほど小さい値です（関数電卓での計算値は $28.955°$）．当初「頂角 $30°$ の二等辺三角形」と報告され，実際作図するとほぼ同じに見えますが，必ずしも「僅かな差」とはいえません．図による推論は誤差に要注意です．

4. 重心と内心・外心との距離

　三角形の諸心間の距離の関係（遠近）は第 10 話でも扱ったとおり，だいたい普通に計算できますが，案外厄介なのが，重心 G と内心 I の距離と，G から外心 O への距離の大小です．たいていの三角形では OG＞IG であり，特にひしゃげた鈍角三角形ではほぼ自明です．しか

補充① 内心と外心の中点が重心になる三角形

し少数ながら OG < IG である三角形が存在します. OG = IG である三角形は, 方程式を書き下すのは容易だが, それを解いて一般形を求めるのは困難なようです.

ここでは前節の結果を活用して, 二等辺三角形について考察します. 前節の記号をそのまま使います.

$$IG = |g - r| = \left| \frac{\sqrt{x^2 - 1}}{3} - \sqrt{\frac{x-1}{x+1}} \right| = \sqrt{\frac{x-1}{x+1}} \left| \frac{x+1}{3} - 1 \right|$$

$$= \frac{1}{3} \sqrt{\frac{x-1}{x+1}} |x-2| \quad (x > 1) \tag{7}$$

$$OG = |s - g| = \left| \frac{x^2 - 2}{2\sqrt{x^2 - 1}} - \frac{\sqrt{x^2 - 1}}{3} \right| = \frac{1}{6\sqrt{x^2 - 1}} |3(x^2 - 2) - 2(x^2 - 1)|$$

$$= \frac{1}{6\sqrt{x^2 - 1}} |x^2 - 4| = \frac{|x - 2|}{6\sqrt{x^2 - 1}} (x + 2) \tag{8}$$

です. したがって (7) と (8) との大小を見るには, 共通因子 $\dfrac{|x-2|}{6\sqrt{x^2-1}}$ をくくり出すと, $2(x-1)$ と $x+2$ との大小比較に帰します. O, G, I の順序関係を考慮すると, 次のような結論になります;

$x > 4$ のとき OG > IG

$x = 4$ のとき OG = IG (前節参照)

$4 > x > 2$ のとき OG < IG (例外的?)

$x = 2$ のとき O = G = I となる (正三角形)

$2 > x > 1$ のとき OG > IG.

結論として, だいたい OG > IG だが, $2 < x < 4$ のときには「例外的に」OG < IG となる, という次第です.

5. むすび

上述の式 (4), (5) から内心・外心を結ぶ線分をいろいろな比で内分

135

第2部　幾何学関係

した点が重心と一致する二等辺三角形が計算できます．しかし面白い（？）結果は乏しいようです．── 1:2 なら内心 = 九点円の中心で正三角形が重解，2:1 は内心 = 垂心だが，正三角形以外にないなど．

　方針を一貫するなら，3節も重心座標を使って計算するのがよかったかもしれません（それも可能）．しかし一般公式を $b = c$ といった特殊な場合に適用するときには注意がいります．私自身も最初うっかり $b - c\ (= 0)$ で割った式を作ってしまい，奇妙な（？）結果にとまどいました．「ワルモノ」にはくれぐれも用心しましょう．

　以上ありきたりの注意ですが一言します．

136

第2部 補充② 2次曲線の直交弦に関する共通交点

1. はじめに問題の趣旨

　　この話は日本数学検定協会・生涯学習研究所の渡邊信氏に負うものです．単なる計算だが，注意しておく価値があると思った次第です．結論は次の通りです：

定理1　2次曲線（円や直角双曲線など少数の例外を除く）Γ の周上にある固定点 P を通って互いに直交する2本の弦を引き，Γ との他の交点をそれぞれ Q, R とする．この場合弦を動かしたとき，直線 QR は一つの共通交点 S を通る．

定理2　P を動かしたときの S の軌跡は，もとの Γ を相似変換（但し放物線のときは平行移動）した2次曲線である．

　　ここで例外とした円の場合も，定理1は成立しますが，つねに S＝円の中心（一点に退化）です．直角双曲線の場合は後述します（5節参照）．

2. 放物線の場合

　　これは最も簡単で高校数学 II の範囲でできます．但し以下では行列式などを活用します．代表として $\Gamma : y = x^2$ をとり，その上の定点 P を (ξ, ξ^2) とします．P を通る傾き λ の直線 $y - \xi^2 = \lambda(x - \xi)$ が Γ と再

び交わる点 Q は，$y = x^2$ として
$$(x^2 - \xi^2) = \lambda(x - \xi) \ ; \ x \neq \xi \quad \text{から} \quad x + \xi = \lambda,$$
$$Q : x = \lambda - \xi, \quad y = (\lambda - \xi)^2 \tag{1}$$
となります．これと直交する傾き $-1/\lambda$ の弦では
$$R : x = -\frac{1}{\lambda} - \xi, \quad y = \left(\frac{1}{\lambda} + \xi\right)^2 \quad (\lambda \neq 0) \tag{2}$$

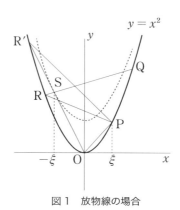

図 1　放物線の場合

です．Q, R を結ぶ直線の方程式を作って λ を消去すればよいのですが，天降りに点 $S : (-\xi, \xi^2 + 1)$ をとると，行列式の計算（第 3 行を上 2 行から引く）により

$$\begin{vmatrix} 1 & \lambda - \xi & (\lambda - \xi)^2 \\ 1 & -\dfrac{1}{\lambda} - \xi & \left(\dfrac{1}{\lambda} + \xi\right)^2 \\ 1 & -\xi & \xi^2 + 1 \end{vmatrix} = \begin{vmatrix} 0 & \lambda & \lambda^2 - 2\lambda\xi - 1 \\ 0 & -\dfrac{1}{\lambda} & \dfrac{1}{\lambda^2} + \dfrac{2\xi}{\lambda} - 1 \\ 1 & -\xi & \xi^2 + 1 \end{vmatrix}$$
$$= \frac{1}{\lambda} + 2\xi - \lambda + \lambda - 2\xi - \frac{1}{\lambda} = 0$$

という結果から，QR は共通交点 $S : (-\xi, \xi^2 + 1)$ を通ります．ξ を動かせば，S の軌跡は Γ を平行移動した $y = x^2 + 1$ になります．□

これは易しいが，一般の 2 次曲線の場合の手引きになります．

ここで P が頂点 $O(0, 0)$ のとき，S は $(0, 1)$ です．これが焦点 $(0,$

1/4) ではなく，対称軸上で O から測って焦点までの 4 倍の距離にある点であることに注意しておきます．

3. 楕円の場合

Γ を次の楕円とします：
$$\frac{x^2}{a^2}+\frac{y^2}{b^2}=1 \quad (0<b<a) \tag{4}$$

その上の点 P を $(a\xi, b\eta)$ $(\xi^2+\eta^2=1)$ とします（三角関数で表してもよいが，記述を簡単にしました）．P を通る傾き λ の弦の方程式において，計算の便宜上座標を (ax, by) として表すと，それは
$$b(y-\eta)=a\lambda(x-\xi), \quad y=(a\lambda/b)(x-\xi)+\eta \tag{5}$$
となります．以下便宜上 $\gamma=a\lambda/b$ とおきます．(5) が Γ と再び交わる点 Q は，変換した座標で $x^2+y^2=1$ に (5) を代入して
$$x^2+[\gamma(x-\xi)+\eta]^2=1 \Rightarrow (x^2-\xi^2)+\gamma^2(x-\xi)^2+2\gamma(x-\xi)\eta=0$$
です．ここで $x \neq \xi$（他の交点）なので，$x-\xi \neq 0$ で割って
$$x+\xi+\gamma^2(x-\xi)+2\gamma\eta=0 \Rightarrow x=\frac{-1}{1+\gamma^2}[2\gamma\eta+(1-\gamma^2)\xi],$$
$$y=\frac{1}{1+\gamma^2}[(1-\gamma^2)\eta-2\gamma\xi]$$

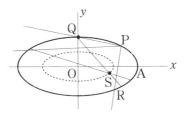

図 2　楕円の場合

となります．γ に $a\lambda/b$ を代入すると次のようになります．

第2部 幾何学関係

$$x = \frac{a^2\lambda^2 - b^2}{a^2\lambda^2 + b^2}\xi - \frac{2ab\lambda}{a^2\lambda^2 + b^2}\eta, \quad y = \frac{-2ab\lambda}{a^2\lambda^2 + b^2}\xi - \frac{a^2\lambda^2 - b^2}{a^2\lambda^2 + b^2}\eta \quad (6)$$

但し実際の座標は $Q:(ax, by)$ であるのに注意します.

同様に R については, (6) の λ を $-1/\lambda$ に置き換えて

$$x = -\frac{b^2\lambda^2 - a^2}{b^2\lambda^2 + a^2}\xi + \frac{2ab\lambda}{b^2\lambda^2 + a^2}\eta, \quad y = \frac{2ab\lambda}{b^2\lambda^2 + a^2}\xi + \frac{b^2\lambda^2 - a^2}{b^2\lambda^2 + a^2}\eta \quad (7)$$

となります. これから直線 QR の方程式を作り, λ で微分してその「包絡線」が一点 S になることを示せばよいのですが, 天降りに次の定点を考えましょう:

$$S:\left(\frac{a(a^2 - b^2)}{a^2 + b^2}\xi, \; -\frac{b(a^2 - b^2)}{a^2 + b^2}\eta \right) \quad (8)$$

ここで 3 点 Q, R, S が同一直線上にあることを示せばよいわけです. それは次の行列式 $=0$ を示すことになります.

$$\begin{vmatrix} \dfrac{a^2\lambda^2 - b^2}{a^2\lambda^2 + b^2}a\xi - \dfrac{2ab\lambda}{a^2\lambda^2 + b^2}a\eta & \dfrac{-2ab\lambda}{a^2\lambda^2 + b^2}b\xi - \dfrac{a^2\lambda^2 - b^2}{a^2\lambda^2 + b^2}b\eta & 1 \\[3mm] -\dfrac{a^2\lambda^2 - a^2}{b^2\lambda^2 + a^2}a\xi + \dfrac{2ab\lambda}{b^2\lambda^2 + a^2}a\eta & \dfrac{2ab\lambda}{b^2\lambda^2 + a^2}b\xi + \dfrac{b^2\lambda^2 - a^2}{b^2\lambda^2 + a^2}b\eta & 1 \\[3mm] \dfrac{a^2 - b^2}{a^2 + b^2}a\xi & \dfrac{-(a^2 - b^2)}{a^2 + b^2}b\eta & 1 \end{vmatrix}$$

ここでまず次の共通項

$$\frac{ab}{(a^2\lambda^2 + b^2)(b^2\lambda^2 + a^2)(a^2 + b^2)}$$

をくくり出すと, 上式は次の行列式の定数倍に等しくなります:

$$\begin{vmatrix} (a^2\lambda^2 - b^2)\xi - 2ab\lambda\eta & -2ab\lambda\xi - (a^2\lambda^2 - b^2)\eta & a^2\lambda^2 + b^2 \\ -(b^2\lambda^2 - a^2)\xi + 2ab\lambda\eta & 2ab\lambda\xi + (b^2\lambda^2 - a^2)\eta & b^2\lambda^2 + a^2 \\ (a^2 - b^2)\xi & -(a^2 - b^2)\eta & a^2 + b^2 \end{vmatrix} \quad (9)$$

しかし (9) の第 2 行に第 1 行を加えると第 2 行が

$$[(a^2 - b^2)(\lambda^2 + 1)\xi \quad -(a^2 - b^2)(\lambda^2 + 1)\eta \quad (a^2 + b^2)(\lambda^2 + 1)]$$

となり, 第 3 行の定数 $(\lambda^2 + 1)$ 倍に等しいので $(9) = 0$ です. これで Q, R, S が同一直線上にあること, したがって直線 QR が定点 (8) を通ることがわかりました. 点 P を (4) の $\varGamma$ 上に動かせば, S の軌跡は (8)

140

補充② 2次曲線の直交弦に関する共通交点

からわかる通り, Γ を $\dfrac{a^2-b^2}{a^2+b^2}$ 倍に縮小した楕円です. □

特に P が長軸の端点 A$(a,0)$ のときは, S は長軸上の点

$$S_0 : \left(a\frac{a^2-b^2}{a^2+b^2},\, 0 \right)$$

です. これが焦点 F$(\sqrt{a^2-b^2},\, 0)$ ではなく, それよりも中心 $(0,0)$ に近い点であることに注意します. 点 A からの距離の比 AS$_0$ ÷ AF は

$$\frac{2ab^2}{a^2+b^2} \div [a-\sqrt{a^2-b^2}] = \frac{2a[a+\sqrt{a^2-b^2}]}{a^2+b^2}$$

です. ここで $b \to 0$ とすると極限値が 4 ですが, これは前節末で述べた放物線の場合と整合します.

4. 双曲線の場合

双曲線

$$\frac{x^2}{a^2} - \frac{y^2}{b^2} = 1,\ 0 < b < a \tag{10}$$

の場合は, 前節の楕円の場合とまったく同様です. 結果は形式的に前節の b^2 を $-b^2$ に置き換えた式になります. 計算してみると Γ 上の点 P$(a\xi, b\eta)$, $\xi^2 - \eta^2 = 1$ に対して, P を通る互いに直交する 2 弦の他端 Q, R を結ぶ直線は, すべて定点

$$S : \left(\frac{a(a^2+b^2)}{a^2-b^2}\xi,\ -\frac{b(a^2+b^2)}{a^2-b^2}\eta \right) \tag{11}$$

を通ります. P を動かしたときの S の軌跡は, もとの Γ を $\dfrac{a^2+b^2}{a^2-b^2}$ 倍に拡大した双曲線になります.

141

第 2 部　幾何学関係

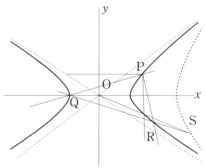

図 3　双曲線 $(a>b)$ の場合

　この結果は $0<a<b$ の場合にも正しいのですが $a^2-b^2<0$ となるので，P が右側の枝上にあれば，S は左側の枝の近くに来ます．全体の軌跡は同じく拡大された双曲線ですが，左右の枝が逆位置に対応します．

　問題は直角双曲線：$a=b$ のときです．(11) の分母が 0 になって，上述の議論が成り立たなくなります．ではどうなるのでしょうか？改めて次節で考察しましょう．

5. 直角双曲線の場合

　直角双曲線 $x^2-y^2=a^2$ については，前節の計算において $a=b$ と置くことにより，その上の一点 $\mathrm{P}(a\xi, a\eta)$ $(\xi^2-\eta^2=1)$ を通って傾き λ の直線の他の交点 Q の座標は

$$\mathrm{Q}:\left(a\left(\frac{\lambda^2+1}{\lambda^2-1}\xi-\frac{2\lambda}{\lambda^2-1}\eta\right),\ a\left(\frac{2\lambda}{\lambda^2-1}\xi+\frac{\lambda^2+1}{\lambda^2-1}\eta\right)\right) \tag{12}$$

です．同様に R の座標は (12) で λ を $-1/\lambda$ に置き換えた式

$$\mathrm{R}:\left(a\left(-\frac{\lambda^2+1}{\lambda^2-1}\xi-\frac{2\lambda}{\lambda^2-1}\eta\right),\ a\left(\frac{2\lambda}{\lambda^2-1}\xi-\frac{\lambda^2+1}{\lambda^2-1}\eta\right)\right) \tag{13}$$

となります．(12) と (13) を比較すると，直線 QR の傾きは，座標の差の比から

補充②　2次曲線の直交弦に関する共通交点

$$-2a\eta\left(\frac{\lambda^2+1}{\lambda^2-1}\right)\div 2a\xi\left(\frac{\lambda^2+1}{\lambda^2-1}\right) = -\frac{\eta}{\xi} \tag{14}$$

となって一定です．これは直線 QR が P を動かしたときにすべて平行になることを意味し，共通交点 S は存在しません．強いていえばそれは無限遠点です．これは前節の式で，$a=b$ とおくと分母が 0 になることとも整合します．

> **定理3**　直角双曲線 $\varGamma$ に対しては，その上の点 P を通って互いに直交する弦の他の交点 Q, R を結ぶ直線は，P を動かしたとき互いに平行である．
>
>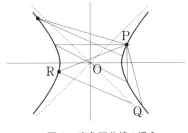
>
> 図4　直角双曲線の場合

双曲線の「代表」として直角双曲線を考えると，話が突如として変わって困惑します．実は本話の発端がその解明でした．しかし前節のような一般の双曲線(10)を考えれば奇妙な現象ではありません．考えを進めるためにまず「特殊」な場合を考察するのは常套手段ですが，それが「特殊一般」の場合でなく，「特異」な場合に該当すると，この例のように困惑することがあります．私が論じたかったのもこの点でした．

直角双曲線として $xy=1$ をとった場合も，上述の結果を $45°$ だけ回転させた形ですから，同様に直線 QR は P を動かしたときすべて互いに平行になります．

第 2 部　幾何学関係

6. 関連話題 —— 円形の池の内にある中之島の問題

上述と似た課題に次の問題があります：

---

2 次曲線 Γ の互いに直交する 2 本の接線の交点の軌跡が何か？

単なる計算ですが，その計算をうまく進めないと意外と難しい課題です．

定理 4　上の問題の解は次の通りである．

楕円 (4) に対しては円 $x^2 + y^2 = a^2 + b^2$

放物線に対してはその準線

双曲線 (10) に対しては，$a > b$ なら円 $x^2 + y^2 = a^2 - b^2$ だが，$a \leqq b$ なら直交する 2 接線が存在しない．—強いていえば $a = b$ のときは $(0, 0)$ という点円（直交する漸近線の交点）となり，$a < b$ なら虚の円である．

円は楕円の特別な場合として上述に含まれます．

証明 4 の楕円の場合の証明　楕円 (4) の周上の 2 点を媒介変数により

$$\mathrm{P}(a\cos\alpha,\ b\sin\alpha), \quad \mathrm{Q}(a\cos\beta,\ b\sin\beta)$$

と表せば，そこでの接線の方程式はそれぞれ

$$\frac{x}{a}\cos\alpha + \frac{y}{b}\sin\alpha = 1, \quad \frac{x}{a}\cos\beta + \frac{y}{b}\sin\beta = 1 \tag{16}$$

と表される．(16) の両直線が直交することから

$$\frac{\cos\alpha\cos\beta}{a^2} + \frac{\sin\alpha\sin\beta}{b^2} = 0 \implies a^2\sin\alpha\sin\beta + b^2\cos\alpha\cos\beta = 0$$

$$\tag{17}$$

補充② 2次曲線の直交弦に関する共通交点

が成立する．両直線(16)の交点の座標は

$$x = \frac{a(\sin\beta - \sin\alpha)}{\sin(\beta - \alpha)}, \quad y = \frac{b(\cos\beta - \cos\alpha)}{\sin(\alpha - \beta)} \tag{18}$$

であり，$x^2 + y^2$ は次のように表される．

$$x^2 + y^2 = \frac{a^2(\sin\beta - \sin\alpha)^2 + b^2(\cos\beta - \cos\alpha)^2}{\sin^2(\beta - \alpha)} \tag{19}$$

この分子は展開して直交性(17)を使うと

$$a^2(\sin^2\alpha + \sin^2\beta) + b^2(\cos^2\alpha + \cos^2\beta) \tag{20}$$

に等しい．(20)を(19)の分母の $(a^2 + b^2)$ 倍に相当する以下の量と比較する．

$$(a^2 + b^2)(\sin^2\beta\cos^2\alpha + \sin^2\alpha\cos^2\beta - 2\sin\alpha\cos\alpha\sin\beta\cos\beta)$$
$$= a^2(\sin^2\alpha + \sin^2\beta) - 2a^2\sin^2\alpha\sin^2\beta + b^2(\cos^2\alpha + \cos^2\beta)$$
$$- 2b^2\cos^2\alpha\cos^2\beta - 2(a^2 + b^2)\sin\alpha\cos\alpha\sin\beta\cos\beta.$$

この右辺の第1項と第3項の和は，(19)の分子 = (20)である．残りの項をまとめると，それ全体が

$$-2(a^2\sin\alpha\sin\beta + b^2\cos\alpha\cos\beta)(\sin\alpha\sin\beta + \cos\alpha\cos\beta)$$

と因数分解できる．これは直交性(17)により 0 に等しい．以上をまとめると (19) = $a^2 + b^2$ と所要の結果を得る．□

ここで興味深いのは楕円の場合です．昔から次の問題が知られています．

問 円形の池の内部に連結凸な中之島がある．池の周上どこに立っても中之島を見込む角度が一定ならば，中之島は円形だといえるか？

145

第2部　幾何学関係

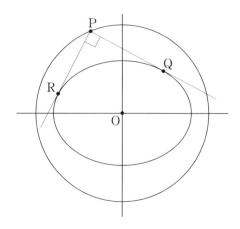

　上述の楕円はその反例になっています．中之島が楕円(4) ($a \neq b$) のとき，円形の池の周が $x^2+y^2=a^2+b^2$ ならば，その周から見込む角はつねに一定の直角だが，中之島は円ではありません．

　この問題にはいろいろ変形・拡張があります．この問題に関連しては，かつて (1980年代) 松浦重武教授 (故人) が，『数学セミナー』誌上に数年間にわたって長期連載した記事があります．上述の楕円の例はむしろ「特異な」反例ですが，「直観に反する」話 (？) として言及しました．

第2部 補充③　　　ヘロンの公式の別証明

　ヘロンの公式の証明は前著でも扱いましたが，応募の中に面白い証明がありましたので紹介します（初めの2証明）．第3のはある著名な数学者が中学生のときに考えたもので，同氏の回顧談から引用しました．もちろん他にもいろいろと工夫できると思います．

1. 第1の証明

　事実上前著で扱った証明と同工異曲ですが，途中の平方根の計算が不必要な点をかいました．余弦定理から

$$1+\cos C = \frac{1}{2ab}(2ab+a^2+b^2-c^2)$$

$$= \frac{1}{2ab}[(a+b)^2-c^2] = \frac{(a+b+c)(a+b-c)}{2ab}$$

$$1-\cos C = \frac{1}{2ab}(2ab-a^2-b^2+c^2)$$

$$= \frac{1}{2ab}[c^2-(a-b)^2] = \frac{(-a+b+c)(a-b+c)}{2ab}$$

です．面積公式 $S=(ab\sin C)/2$ から $(4S)^2=(2ab\sin C)^2$ ですが

$$\sin^2 C = 1-\cos^2 C = (1+\cos C)(1-\cos C)$$

として上の両式を代入すると

$$(4S)^2 = 2ab(1+\cos C)\cdot 2ab(1-\cos C)$$

$$= (a+b+c)(-a+b+c)(a-b+c)(a+b-c)$$

となります．これはヘロンの公式そのものです．□

2. 第2の証明 —— 内接円の半径から

少しもってまわりますが，先に内接円の半径 r を計算します．$\triangle$ABC の角 A の二等分線が対辺と交わる点を D，内心を I とすると，三角形の内角の二等分線が，対辺をもとの角を挟む辺の比に内分することから

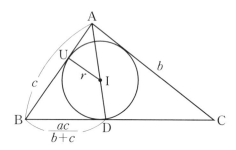

図 1　三角形と内接円

$$\text{BD}:\text{CD} = \text{AB}:\text{AC} = c:b, \quad \text{BD} = \frac{ac}{b+c} \tag{1}$$

$$\begin{aligned}\text{AD}^2 &= \text{AB}^2 + \text{BD}^2 - 2\text{AB}\cdot\text{BD}\cos B \\ &= c^2 + \frac{a^2c^2}{(b+c)^2} - \frac{ac^2}{b+c}\cdot\frac{a^2-b^2+c^2}{ac} \\ &= \frac{c}{(b+c)^2}\{c[(b+c)^2+a^2]-(b+c)(a^2-b^2+c^2)\}\end{aligned}$$

この $\{\ \}$ 内は次のようにまとめられます．

$$-b(a^2-b^2+c^2)+c(2b^2+2bc) = b(-a^2+b^2-c^2+2bc+2c^2)$$
$$= b((b+c)^2-a^2) = b(a+b+c)(-a+b+c).$$

結局次の結果を得ます．

$$\text{AD}^2 = \frac{bc}{(b+c)^2}(a+b+c)(-a+b+c) \tag{2}$$

他方 $\text{AI}:\text{ID} = \text{AB}:\text{BD} = (b+c):a$ であり，(2) から

$$\text{AI} = \frac{b+c}{a+b+c}\text{AD} \implies \text{AI}^2 = \frac{bc(-a+b+c)}{a+b+c} \tag{3}$$

を得ます．一方内接円が辺 AB と接する点を U とすると

$$AU = (-a+b+c)/2, \quad r^2 = AI^2 - AU^2$$

です．これを計算すると

$$r^2 = \frac{1}{2}(-a+b+c)\left[\frac{2bc}{a+b+c} - \frac{1}{2}(-a+b+c)\right]$$

ですが，この後の[ ]内は分母を $2(a+b+c)$ とすると

$$4bc - (a+b+c)(-a+b+c) = a^2 - [(b+c)^2 - 4bc]$$
$$= a^2 - (b-c)^2 = (a-b+c)(a+b-c)$$

とまとめられ，最終的に

$$r^2 = (-a+b+c)(a-b+c)(a+b-c)/4(a+b+c) \tag{4}$$

を得ます．面積を S とすると $2S = r(a+b+c)$ であり，(4)から

$$(4S)^2 = (a+b+c)(-a+b+c)(a-b+c)(a+b-c)$$

を得ます．これはヘロンの公式そのものです．□

3. 第3の証明 ── ヘロンの公式は三平方の定理と同値

△ABC の最長辺を BC とし，頂点 A から BC に垂線 AH を引けば，その足 H は線分 BC 上にあります．

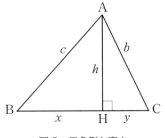

図2　三角形と高さ

BH = x, CH = y, AH = h とおけば，三平方の定理により，次の等式が成立します．

$$x^2 + h^2 = c^2, \quad y^2 + h^2 = b^2, \quad x + y = a$$

第 2 部　幾何学関係

前二式の差をとって

$$x^2 - y^2 = c^2 - b^2 \implies (x+y)(x-y) = c^2 - b^2$$

$$\implies x - y = (c^2 - b^2)/a, \quad x = (a^2 - b^2 + c^2)/2a$$

となります．これから高さ h を計算し，$2S = ah$ とすると

$$(4S)^2 = 4a^2 h^2 = 4a^2(c^2 - x^2) = (2ac)^2 - (a^2 - b^2 + c^2)^2$$

$$= (a^2 + 2ac + c^2 - b^2)(b^2 - a^2 + 2ac - c^2)$$

$$= [(a+c)^2 - b^2][b^2 - (a-c)^2]$$

$$= (a+b+c)(a-b+c)(-a+b+c)(a+b-c)$$

です．これはヘロンの公式そのものです．□

　ところが逆にヘロンの公式を既知として，∠A ＝直角である直角三角形に適用してみましょう．このとき面積は $S = bc/2$ と表されるので，ヘロンの公式を変形して

$$(4S)^2 = (2bc)^2 - (-a^2 + b^2 + c^2)^2 = (2bc)^2$$

とすれば，直ちに $-a^2 + b^2 + c^2 = 0$ が出ます．この意味でヘロンの公式と三平方の定理とは「同値」（一方から他方が直接に証明できる）ということができます．

　気がつけば誰でもできそうな（？）注意かもしれませんが，この結果は紹介しておく価値があると思いました．

第3部
解析学関係

第❶話　極限なしの微分法

1. 標題の趣旨

　今話の標題はいささか矛盾した言葉かもしれません．しかし例えば現行の高校数学IIの段階での微分法の入口で，本当に「極限」の概念が不可欠なのかどうか一度考えてみる価値がありそうです．現に米国で"Calculus unlimited"といった題の教科書が出ています．"unlimited"とは本来は「限りない」という意味ですが，ここでは「極限を使わない」という意味に使われています．

　もちろんこういう「非標準的なコース」を押し通すのは危険です．ただ本当に初めて学ぶ者や，ある程度学んだ者が再学習するとき（特に講義をする立場になったとき）などでは，非標準的なコースが示唆を与えてくれます．こうした「異様」な題材をあえて取り上げたのは，末尾の文献（と，そのもとになる研究会）に触発されたからです．そこにはこの方面の研究目的・意義や先行研究の考察・手法の選定に関する詳しい議論があります．

　一つの方法として「無限小」を正しく定義し，それを実在の量として扱う A.Robinson の「超準解析」の理論があります．しかしこれは（試行もあったが）初心者の教育用には不適切だったようです（「無限小」の定義が極度に抽象的なため）．巻末の文献ではグラフ電卓などを活用した幾何学的な「比較関数」の方法も開発されています．なお『現代数学』に連載された山崎洋平氏の記事も一つの試みでしょう．

　ここで論ずるのは天降り的（？）な代数的方法で，それほど強い意味はありません．ただ「代数学への応用」にはこれで十分と思います．本来ならばこうした「異端的な課程」を提唱すること自体の意味付けから始め

第3部　解析学関係

るべきですが，その辺も読者諸賢の御批判に待ちます．なお以下本文の**注意**は伝統的な標準課程に通暁した方への対応事項の説明であり，読み飛ばしても構いません．また諸命題（注意以外）は通し番号にしました．

2. 滑らかさの定義

定義1　区間 $[a,b]=\{x\,|\,a\leqq x\leqq b\}$ で定義された関数 $f(x)$ がそこで（一様に）**滑らか**とは，$\{a\leqq x\leqq b, a\leqq u\leqq b\}$ で定義された2変数 x, u の連続関数 $P(x;u)$ があり，つねに

$$f(x)-f(u)=(x-u)P(x;u) \tag{1}$$

が成立することである．$P(x;u)$ は平均変化率に相当する量であり，正式の名がない（？）が，以下では**差分商**とよぶ．

定義2　差分商の $u=x$ のときの値 $P(x;x)$ を $f(x)$ の**導来関数**とよび $\mathrm{D}f(x)$ と表す．$f'(x)$ と略記もする．D を関数に対する**微分演算子**とよぶ．

　　注意1　$P(x;u)$ は平均変化率ですが，それを x, u 2変数の広域連続関数と考えます．(1) の条件は普通の「微分可能性」よりも強い「一様微分可能性」に相当します．結果的には上述の「滑らか」という性質は，区間 $[a,b]$ で C^1 級，すなわち各点で微分可能で，導来関数（普通の「導関数」のことだが，意図的に区別した用語を使った）が連続という性質と同値になります．

　微分演算子 D が**線型**：$\mathrm{D}(kf)=k\mathrm{D}f$（$k$ は定数），かつ $\mathrm{D}(f+g)=\mathrm{D}f+\mathrm{D}g$ であることは定義から明らかです．次に積の公式を調べます．

154

第**⑮**話 極限なしの微分法

> **定理3（積の公式）** 滑らかな関数 f, g の積は滑らかで
>
> $$\mathrm{D}(f \cdot g) = f \cdot \mathrm{D}g + g \cdot \mathrm{D}f \tag{2}$$

証明 $f(x), g(x)$ の差分商をそれぞれ $P(x;u), Q(x;u)$ とする．積についての差分商は

$$
\begin{aligned}
&f(x) \cdot g(x) - f(u) \cdot g(u) \\
&= [f(x) \cdot g(x) - f(x) \cdot g(u)] \\
&\qquad + [f(x) \cdot g(u) - f(u) \cdot g(u)] \\
&= f(x)(x-u)Q(x;u) + g(u)(x-u)P(x;u) \\
&= (x-u)[f(x)Q(x;u) + g(u)P(x;u)]
\end{aligned} \tag{3}
$$

により，(3) の右辺の [ ] 内で表される．ここで $u = x$ とすれば

$$\mathrm{D}(f(x)g(x)) = f(x) \cdot \mathrm{D}g(x) + g(x) \cdot \mathrm{D}f(x)$$

であって，これは (2) である． $\square$

これからさらに次の結果が出ます．

系4 $\quad \mathrm{D}(f_1 \cdots f_n) = \displaystyle\sum_{k=1}^{n} f_1 \cdots f_{k-1} \cdot \mathrm{D}f_k \cdot f_{k+1} \cdots f_n. \tag{4}$

系5 $\quad \mathrm{D}(f^n) = nf^{n-1} \cdot \mathrm{D}f. \quad (n \text{ は正の整数}) \tag{5}$

注意2 系4はいわゆる「対数微分の公式」に相当します．商の公式などは当面不要ですが，必要になったところで説明します．

3. 実例と注意

例6 自明に近いが，定数関数 $f(x) = k$ に対して差分商は 0, 導来関数も 0 です． $f(x) = x$ に対しては

155

第3部　解析学関係

$$P(x\,;u) = 1,\ \mathrm{D}x = 1\ \text{（定数関数）}$$

です．上記系5により $\mathrm{D}x^2 = 2x$，正の整数 n に対して $\mathrm{D}x^n = nx^{n-1}$ です．$f(x) = x^n$ に対する差分商は次のように表されます．

$$P(x\,;u) = x^{n-1} + x^{n-2}u + \cdots$$
$$+ x^{n-k}u^k + \cdots + xu^{n-2} + u^{n-1} \tag{6}$$

線型性により**多項式** $f(x) = c_n x^n + c_{n-1}x^{n-1} + \cdots + c_1 x + c_0$ は滑らかで，その導来関数は $\mathrm{D}f(x) = nc_n x^{n-1} + (n-1)c_{n-1}x^{n-2} + \cdots + c_1$ です．差し当たり多項式が滑らかなことで十分です．

（**例7**）　定義域 $[a,b]$ が $x = 0$ から離れていれば（$a > 0$ または $b < 0$），$f(x) = 1/x$ は滑らかです．このとき

$$f(x) - f(u) = \frac{1}{x} - \frac{1}{u} = \frac{-(x-u)}{xu},$$
$$P(x\,;u) = \frac{-1}{xu}$$

であり，この $P(x\,;u)$ は，変数が0から離れている範囲で連続だからです．導来関数は $\mathrm{D}(1/x) = -1/x^2$ となります．

注意3　例えば x^3 の導（来）関数を標準的な方法で計算するには

$$\frac{(x+h)^3 - x^3}{h} = \frac{x^3 + 3hx^2 + 3h^2 x + h^3 - x^3}{h}$$
$$= 3x^2 + 3hx + h^2 \tag{7}$$

と変形して，$h = 0$ とおき $3x^2$ を得ます．このように分母（この場合は h）が0になる場合の極限値の計算では，分母を約して $h = 0$ とおくのが常套手段です．これは正しいが，それを厳密に説明するのはかなり長くかかります．一口にいえば，(7) の左辺の「除去可能な特異点」$h = 0$ を (7) の右辺で補充定義し，定義域を自然に $h = 0$ で連続になるように拡張するという暗黙の操作（？）の合理化です．ここではこれ以上は述べませんが，一度は各自で考えてみる価値のある課題です．

156

第**⑮**話　極限なしの微分法

　但し差分商を表に出す議論は以下のように代数的な応用にはよいが，それだけでは図形的イメージが稀薄だという批判は，私自身も同感で，気になる点です．

4. 重複解の判定

　多項式代数学において導来関数が特に必要なのは次の事実です．この結果は極限なしの微分法の範囲で示されます．

> **定理 8**　2次以上の代数方程式 $f(x) = 0$ において，$x = \alpha$ がその重複解であるための必要十分条件は，$f(\alpha) = 0$ かつ $\mathrm{D}f(\alpha) = 0$ となることである．

証明　$f(\alpha) = 0$ なら $f(x) = (x - \alpha)P(x\,;\alpha)$ と表され，$P(x\,;\alpha)$ は x については $(n-1)$ 次多項式である．$x = \alpha$ が単純解なら $P(\alpha\,;\alpha) \neq 0$ だが，導来関数 $\mathrm{D}f(\alpha) = P(\alpha\,;\alpha)$ だから，単純解では $\mathrm{D}f(\alpha) \neq 0$. したがって（対偶），$\mathrm{D}f(\alpha) = 0$ なら $x = \alpha$ は $f(x) = 0$ の重複解である．逆に α が重複解なら

$$f(x) = (x - \alpha)^k \cdot g(x) \quad (k \geq 2)$$

と表され，その導来関数は

$$\mathrm{D}f(x) = k(x - \alpha)^{k-1} \cdot g(x) + (x - \alpha)^k \mathrm{D}g(x) \tag{8}$$

だから，$\mathrm{D}f(\alpha) = 0$ となる．　　　　　　　　　　□

系 9　$f(x) = 0$ が重複解をもつための必要十分条件は，$f(x)$ と $\mathrm{D}f(x)$ との多項式としての最大公因子 $Q(x)$ が定数でない（1次以上の多項式になる）ことである．このとき $Q(x) = 0$ を解いて，重複解が求められる．

157

第 3 部　解析学関係

5. 微分学の基本定理

次の結果は微分学の重要な応用であり，しばしば**微分学の基本定理**と
よばれます．

定理 10　区間 $[a, b]$ で $f(x)$ が滑らかであり，各点で導来関数
$\mathrm{D}f(x)$ が正 $[0$ 以上$]$ ならば，$f(x)$ は狭義 $[$広義$]$ の増加関数である
（$[\ ]$ 内はまたはと読みかえ）．

系 11　$f(x)$ が滑らかで，区間内の一点 c において $\mathrm{D}f(c) = 0$ であり，
$\mathrm{D}f(x)$ が $a \leqq x < c$ では正，$c < x \leqq b$ では負ならば，$x = c$ は $f(x)$ の
単峰極大であって，$f(x)$ は $x = c$ において，$a \leqq x \leqq b$ の範囲での最大
値をとる．

この結果は次の事実から証明できます（証明は後述）．

定理 12（平均値の不等式）　$f(x)$ が区間 $[a, b]$ で滑らかならば，その
導来関数 $\mathrm{D}f$ の値が差分商 $P(b; a)$ の値以下 $[$以上$]$ である点が存在す
る．

系 13　「中間値の定理」を既知とすれば，$\mathrm{D}f(c) = P(b; a)$ である点 c
が存在する（いわゆる**微分法の平均値定理**）．

系 14　導来関数 $\mathrm{D}f(x)$ がつねに 0 なら，$f(x)$ は定数である．

先に定理 12 を既知として定理 10 を示します．

定理 10 の証明　もしも $f(b) \leqq f(a)$ $[f(b) < f(a)]$ だ と す れ ば
$P(b; a) = [f(b) - f(a)]/(b - a) \leqq 0$ $[< 0]$ で あ る．定 理 12 か ら
$\mathrm{D}f(c) \leqq 0$ $[< 0]$ である点 c があるはずだが，これは仮定に反する．し

158

したがって $f(b)>f(a)$ $[f(b)\geqq f(a)]$ である．区間 $[a,b]$ 内の任意の 2 点 $u,v\,(u<v)$ については，区間 $[u,v]$ について同様に論ずればよい．減少する場合も同様である．

系 11 は $f(x)$ が $a\leqq x<c$ で増加，$c<x\leqq b$ で減少するから，$f(c)$ の値が最大になる． □

注意 4 定理 10 は系 13 の形（等号の成立）まで示さなくても，平均値の不等式だけで上述のように証明できます．この方式は例えば 1820 年代のコーシーの『解析学教程』にあります．近年種々の理由により，定理 12 が再発見され，この形で証明している教科書が多く現れています．

6. 微区間縮小法による定理 11 の証明

定理 12 の証明には**実数の連続性**が不可欠です．その最も素朴な形として次の「区間縮小法」を公理として進みます．

公理 15 区間縮小法の原理

次々に内部（端を共有してもよい）に含まれる区間の列 $[a_n,b_n]$ があり，その長さ b_n-a_n が，n が大きくなるときいくらでも 0 に近づくならば，全区間に共通に含まれる値 c がただ一つ存在する．そして c のどのような小近傍 $[c-e,c+e]$ $(e>0)$ も，ある番号 n_0 から先の $[a_n,b_n]$ $(n\geqq n_0)$ をすべて含む． □

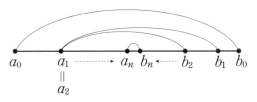

図 1　縮小区間列

第3部　解析学関係

注意5　この条件は普通に書けば（極限が出るが）

$$a_1 \leqq a_2 \leqq \cdots \leqq a_n \leqq \cdots \leqq b_n \leqq \cdots \leqq b_2 \leqq b_1,$$

$$b_n - a_n \longrightarrow 0 \tag{9}$$

です．ここで「$b_n - a_n \to 0$」という条件を除いて，ともかく「縮小区間列があったら全体の共通部分は空でない」という形に拡張すると，実用上では使い易くなります．しかしこれは「閉区間のコンパクト性」と同値な命題です．逆数学の立場から理論を整理すると，コンパクト性の証明には，上述の単純な区間縮小法を示すときに要求される以上の公理が必要になります．その他の理由もあって，ここでは上述の形（長さが限りなく小さくなる場合のみ）を使用します．

公理15の下で定理12の証明　最初の区間の端を $a = a_0$, $b = b_0$ とも書く．区間の中点を m とすると，$m - a = b - m = (b-a)/2$ であり，

$$P(m\,;a) = \frac{f(m) - f(a)}{m - a} = \frac{2[f(m) - f(a)]}{b - a}\,;$$

$$P(b\,;m) = \frac{2[f(b) - f(m)]}{b - a}$$

から $P(b\,;a) = [P(m\,;a) + P(b\,;m)]/2$ となる．$P(m\,;a)$ と $P(b\,;m)$ のうち小さい［大きい］ほうをとり，その区間の両端を $[a_1, b_1]$ とする（もしも同一なら左側をとる）．この操作を反復して次々に長さが半分になる縮小区間列 $[a_k, b_k]$ を作る．区間縮小法の原理により $[a_k, b_k]$ 全体に共通な一点 c があり，$a_k, b_k\,(k \to \infty)$ は限りなく c に近づく．ここで

$$P(b\,;a) \geqq P(b_k\,;a_k) \quad [大をとれば \leqq]$$

であり，P の連続性から $P(b_k\,;a_k)\,(k \to \infty)$ は $P(c\,;c) = \mathrm{D}f(c)$ に近づき，$\mathrm{D}f(c) \leqq P(b\,;a)$ ［大をとれば $\geqq$］ $P(b\,;a) \geqq \mathrm{D}f(c)$ ［大をとれば $\leqq$］ である．　　　　　□

系13は $\mathrm{D}f(c_1) \leqq P(b\,;a) \leqq \mathrm{D}f(c_2)$ を満たす c_1, c_2 があるので中間値の定理（これも区間縮小法で証明できる）を仮定すれば $\mathrm{D}f(x)$ が連続であ

第**15**話　極限なしの微分法

ることにより，$\mathrm{D}f(c)=P(b\,;a)$ である c の存在が導かれる．　　□

　　系 14 はもし定数でなければ $f(u)\neq f(v)$ である $u,v\ (u\neq v)$ が存在するが，それに対しては $P(u\,;v)\neq 0$ なので，u,v 間に $\mathrm{D}f(c)\neq 0$ である c が存在することになって矛盾である．　　□

　　注意5　定理 12 は「微分積分学の基本定理」の基礎になる重要な性質です．系 13 を使わず，不等式の形で上積分下積分を評価すれば，さらに進んで「極限なしの積分法」も考えられますが，その議論は省略します．

　　以上で多項式 (および一部の有理関数) の微分法と，関数の増減や極値問題への応用の基礎を述べました．これだけでも微分法の入口としては，一応十分と思います．

　　次に対象を拡張して三角関数 (ラジアン変数) を考えます．そこまでを一般的な微分積分学への入口として扱っている教科書もあります．

7.　三角関数に関連して（今話の設問）

　　三角関数 (ラジアン単位)，特に正弦関数は加法定理により
$$\sin x-\sin u=2\cos[(x+u)/2]\sin[(x-u)/2]$$
です．したがって t が 0 に限りなく近づくとき $(\sin t)/t$ が 1 に近づくこと (下記) を示せば
$$\varphi(t)=\begin{cases} t\neq 0\ \text{なら}\ (\sin t)/t \\ t=0\ \text{のときは}\ 1 \end{cases} \tag{10}$$
と定義した関数が，$t=0$ も込めて連続です．それから $\sin x$ の差分商は次の式で与えられます．
$$P(x\,;u)=\varphi\!\left(\frac{x-u}{2}\right)\cdot\cos\frac{x+u}{2}\,; \tag{11}$$
$$\mathrm{D}\sin x=\cos x.$$

161

第 3 部　解析学関係

(10)が $t = 0$ で連続なことを示すには，　$0 < t < \pi/2$ で成立する不等式

$$\sin t < t < \tan t \quad (\text{それから } \cos t < (\sin t)/t < 1) \tag{12}$$

を示せば十分です．かっこ内の形に，はさみうちの原理を適用すれば，(10)が $t = 0$ で連続なことが示されます．

参考文献

［1］ 松岡隆代表，数学教師に必要な数学能力とその育成法に関する研究，数理解析研究所講究録 1867, (2013 年 12 月発行).

［2］ 蟹江幸博代表，数学教育の一側面—数学教育における数学の規格とは—，数理解析研究所講究録, 2021, 2017 年 4 月発行)

━━━━━━━━━ **設 問 15** ━━━━━━━━━

不等式 (12) を示すのに面積の関係を利用するのは，下手をすると循環論法になる．本来の曲線の長さの関係だけを活用してここで直接に，$0 < t < \pi/2$ のときに上述の不等式

$$\sin t < t < \tan t \tag{12}$$

を証明する工夫を試みてほしい (ここで左側はほぼ自明；右側が主題である).

(解説・解答は 250 ページ)

第16話　収束の加速

1. 本話の趣旨

本話の主題は収束の遅い級数の加速法です．発端は円周率を表す「象徴的な」グレゴリ・ライプニッツの級数

$$\frac{\pi}{4} = 1 - \frac{1}{3} + \frac{1}{5} - \frac{1}{7} + \frac{1}{9} - \frac{1}{11} + \cdots \tag{1}$$

です．(1) は確かに $\pi/4$ に収束しますが，直接の計算では収束が遅く，下手に計算すれば円周率に誤った数値を出して，数学に不信感を与え，興味を失わせる元凶になります．

収束の**加速**とは，級数の末尾の $+\cdots$ をあっさり 0 とせず，その部分をうまく評価して補正を加える操作と解釈できます．

ただし (1) 自身については，かつて数学セミナー 2013 年 4 月号 (解答 7 月号) で扱いましたので，ここでは類似の級数

$$1 - \frac{1}{2} + \frac{1}{3} - \frac{1}{4} + \frac{1}{5} - \frac{1}{6} + \cdots = \log_e 2 \tag{2}$$

を主題として論じます．目標は (2) の左辺の交代級数に「加速法」を工夫して，(2) の値 $0.6931471\cdots$（常用対数 $\log_{10} 2 = 0.3010299\cdots$ と混同しないように）の最初の 3～4 桁程度を手計算（四則演算だけの電卓利用）で求めようという工夫です．但し (2) には若干の特殊性があります．

2. 収束の加速（1）——オイラー変換

収束が**遅い**級数 $\sum_{k=1}^{\infty} c_k = s$ の「数学的な定義」はありません．通常そ

第3部　解析学関係

の部分和 $\sum_{k=1}^{n} c_k = s_n$ と s との差が，n をよほど大きくしないと小さくならない場合をそういいます．一つの目安は $n|s-s_n|$ がある正の定数以上，あるいは $n \to \infty$ のときそれが発散するという場合です．このとき n を大きく採るのは計算の手間だけでなく，丸め誤差の累積などで好ましくありません．もとの級数を変換して，和 s は同一だが収束が速い（n が小さくても $|s-s_n|$ が十分に小さくなる）級数に直す手法が**収束の加速**です．この語を拡張解釈して，普通の意味では収束しない級数に「自然な和」s を与える種類の変換（**総和法**）を含める場合もあります．

古典的に有名な一例は**オイラー変換**です．a_k が正で単調減少して 0 に近づくとき，交代級数 $\sum_{k=1}^{\infty} (-1)^{k-1} a_k = s$ は収束しますが，前述の (1)，(2) など収束が遅い典型例です．このとき**差分列**

$$\Delta_k^{(0)} = a_k, \ \Delta_k^{(n+1)} = \Delta_{k+1}^{(n)} - \Delta_k^{(n)} \quad (n = 0, 1, 2, \cdots) \tag{3}$$

を採り，それから級数

$$\sum_{n=1}^{\infty} \frac{(-1)^{n-1}}{2^n} \Delta_\perp^{(n-1)} \tag{4}$$

を作ると (4) は同じ s に収束し，多くの場合もとの級数よりも速く収束します．これはある意味でベキ級数の展開し直しとも解釈できます．厳密でないが（合理化は可能）その略証を述べます．

$a_n = \varphi(n)$ とみなし，**ずらし演算子** $E\varphi(x) = \varphi(x+1)$（$Ea_n = a_{n+1}$）を作ると，$a_n \to 0$ は $E^n \varphi \to 0$ を意味し

$$s = \sum_{k=1}^{\infty} (-1)^{k-1} a_k = \sum_{n=0}^{\infty} (-E)^n a_1 = \frac{a_1}{1+E}$$

です．**差分演算子**は $\Delta = E - 1$ と表され

$$\frac{1}{1+E} = \frac{1}{2+\Delta} = \frac{1}{2} \cdot \frac{1}{1+(\Delta/2)} = \frac{1}{2}\left[1 - \frac{\Delta}{2} + \frac{\Delta^2}{4} - \frac{\Delta^3}{8} + \cdots\right]$$

ですから，

$$s = \sum_{k=1}^{\infty} (-1)^{k-1} a_k = \frac{1}{2}\Delta_1^{(0)} - \frac{1}{4}\Delta_1^{(1)} + \frac{1}{8}\Delta_1^{(2)} - \frac{1}{16}\Delta_1^{(3)} + \cdots \tag{4'}$$

となります. □

オイラー変換を(2)に適用すると, $a_n = 1/n$ のときには

$$\Delta_1^{(0)} = -\frac{1}{2}, \ \Delta_1^{(1)} = \frac{1}{3}, \ \Delta_1^{(3)} = -\frac{1}{4}, \ \cdots,$$

であり, さらに一般的に, 数学的帰納法により

$$\Delta_1^{(m)} = (-1)^m/(m+1),$$
$$\Delta_n^{(m)} = (-1)^m m!/n(n+1)\cdots(n+m) \tag{5}$$

が証明できます. したがって(2)のオイラー変換は

$$\frac{1}{2} + \frac{1}{4\cdot2} + \frac{1}{8\cdot3} + \frac{1}{16\cdot4} + \cdots = \sum_{n=1}^{\infty} \frac{1}{2^n n} \tag{6}$$

になります. 正項級数(6)は $-\log_e(1-x)$ のテイラー展開に $x = 1/2$ を代入したのと同じで, 収束はずっと速くなります. (6)の最初の12項を加えると 0.6931300 を得ました. この場合各項がほぼ半分の値に減少するので, 部分和を s_n とするとき, **リチャードソン加速** $s_{n+1} + (s_{n+1} - s_n) = 2s_{n+1} - s_n$ も考えられますが, 項数が少ないと過大近似値になります. 一例として10項の部分和に施して 0.6931532 を得ました.

オイラー変換を初項から施すのは, 一般的にいって賢明ではありません. 最初の4項の和 $(7/12 = 0.5833333)$ を求めて, 残余の級数にオイラー変換を施すと, 補正項の最初の6項は

$$\frac{1}{10} + \frac{1}{120} + \frac{1}{840} + \frac{1}{4480} + \frac{1}{20160} + \frac{1}{147840} = 0.1098033$$

となり, 合計 0.6931433 (5桁正しい)を得ました. 4桁程度の精度ではこの辺で区切るのが最小の手間のようです.

級数(2)の特殊性として最初の $2m$ (偶数)項の部分和が $\frac{1}{m+1} + \frac{1}{m+2} + \cdots + \frac{1}{2m}$ に等しいという性質があります. この証明は興味ある演習課題で, 数学検定に出題されたことがあります. 解答編にその証明を補充しました. 初めの $2m$ 項の和の計算をこれに置き換えれば計算が楽になります. また区分求積の考え方で, (2)の極限値が

第3部　解析学関係

$$\int_0^1 \frac{1}{1+x}\, dx = \log_e 2$$

に等しいことも，これから直接に証明できます．

3. 収束の加速（2）──積分で近似

別の考え方として，切り捨てた部分を積分で近似しようという工夫があります．（2）は条件収束なので，項の順序を変更すると和の値が変わる可能性がありますが，順序をもとのままにしてまとめる分には支障ありません．

順次の正の項と負の項とをまとめると（2）は

$$\frac{1}{2} + \frac{1}{12} + \frac{1}{30} + \frac{1}{56} + \frac{1}{90} + \cdots = \sum_{k=1}^{\infty} \frac{1}{(2k-1)2k} \tag{7}$$

という正項級数になります．（7）の先の（k が大きい）項は $1/[2k-(1/2)]^2$ で近似でき，その差は $(2k)^{-4}$ のオーダーです．次に和の先のほうを x^{-2} の積分で近似します．（これは剰余項の評価の一方法）．$k=m+1$ から先は定積分の値

$$\int_{2m+1/2}^{\infty} \frac{1}{x^2}\, dx = \frac{1}{2m+(1/2)} \tag{8}$$

を長さ 2 ずつの区間に分け，各小区間に積分の**中点公式**を適用した値の半分とみなすことができます．すなわち（7）の最初の和を直接に計算し，それに (8)$\div 2 = 1/(4m+1)$ を補正すればかなりよい近似になりそうです．この場合被積分関数は下に凸で，中点公式は過小の近似値なので，逆に積分による補正は過大の近似値になります．実際 $m=6$ とすると

$$部分和 = 0.65321 ,$$
$$補正値\ 1/25 = 0.04000 \tag{9}$$

で近似値は 0.69321 とかなりよい値です．ここで $1/[2k-(1/2)]^2$ で置き換えた誤差は 10^{-4} 以下であり，当面無視してよいと思います（厳密にはその評価も必要だが）．

他方剰余項で，初項の半分 $2/(4m+3)^2$ を除くと残りは

166

$$\int_{2m+3/2}^{\infty} \frac{1}{x^2} = \frac{1}{2m+(3/2)}$$

に，長さ 2 の小区間ごとの**台形公式**を適用した値の半分で近似されますから，補正量は

$$\frac{2}{(4m+3)^2} + \frac{1}{4m+3} = \frac{4m+5}{(4m+3)^2} \quad \left(< \frac{1}{4m+1}\right)$$

になります．$m = 6$ とすると補正量は

$$29/27^2 = 0.03978,$$

$$補正した値\ 0.69299 \tag{10}$$

になります．今度は過小の近似値になりました．

中点公式と台形公式の誤差の主要項がほぼ $1 : (-2)$ であることから (9) と (10) との $2 : 1$ の重みつき平均の 0.03993 を補正すると 0.69314 という，結果的には 5 桁正しい値を得ました．しかしこれは少々姑息な技巧です．

積分による剰余項の補正には，もっと本格的な精しい理論があります．上述は一つの簡便法と理解してください．

4. 収束の加速 (3) ——ベキ級数の展開し直し

もとの連載は読者諸賢のアイディアを募るのが主眼でしたので，余り私自身の考えを述べるのは不適切と思います．しかしもう少し述べると，当面の交代級数のように，それがベキ級数の収束円周上の値のときには，ベキ級数の**展開し直し**が有効です．(2) はもともと

$$\log_e (1+x) = x - \frac{x^2}{2} + \frac{x^3}{3} - \frac{x^4}{4} + \cdots \tag{11}$$

の $x = 1$ での値です．(11) は $x = -1$ を真性特異点とし，中心からそこまでの距離 1 が収束半径です．そこで正の値 c を中心にとり，$\sum b_n(x-c)^n$ と展開し直して

167

第3部　解析学関係

$$\log_e 2 = \log_e(1+c) + \frac{1-c}{1+c} - \frac{(1-c)^2}{2(1+c)^2} + \frac{(1-c)^3}{3(1+c)^3}$$

$$+ \cdots + \frac{(-1)^{n-1}(1-c)^n}{n(1+c)^n} + \cdots \qquad (12)$$

とします．(12) は (11) の左辺の n 階導関数が $(-1)^{n-1}(n-1)!/(1+x)^n$ であり，n 乗の係数が（$x=c$ での値）$/n!$ であることから計算できます．$|(1-c)/(1+c)|<1$ なので収束は速くなりますが，最初の対数の項は (11) から直接に計算しなければなりません．

　但し当面の級数 (2) は対数関数という特殊性があるために，この方法は $2 = (1+c)(1+d)$ $(0<c,\ d<1)$ と分解して，$\log_e(1+c)$ と $\log_e(1+d)$ とをベキ級数 (11) によって計算して加えたのと同じ結果になります．その意味で級数 (2) の「加速」技法の一つとしては，かえって不適切かもしれませんが，一つの試みとして扱います．

　理論的には $c = (1-c)/(1+c)$（すなわち $c=d$）と採るのが最適ですが，このときの $c = \sqrt{2}-1$ は半端な数なので，$c=0.4$ として計算しました．ベキ級数を2項ずつまとめて

$$\log_e(1+x) = \sum_{k=1}^{\infty}\left(\frac{x^{2k-1}}{2k-1} - \frac{x^{2k}}{2k}\right)$$

$$= \sum_{k=1}^{\infty} \frac{2k(1-x)+x}{(2k-1)2k} \times x^{2k-1}$$

の形の正項級数とし，各項を切り上げて計算したところ，$c=2/5$ に対して最初の6項で 0.336471，$d=(1-c)/(1+c)=3/7$ に対して6項で 0.356674；合計 0.693145 という結果でした（最後は5桁正しい）．

　以上は素朴な一例にすぎません．もっと優れた工夫を期待します．

5.　今話の設問

　(1) や (2) のように和が初等関数で表現できる級数の場合には，加速法よりも他の計算法を工夫したほうが有効です．しかしそうでないときには加速法を工夫せざるをえません．その一例を設問にします．

第**16**話　収束の加速

━━━━━━━━━━━ **設問 16** ━━━━━━━━━━━

ブロムウィッチの級数

$$\sum_{n=1}^{\infty} \frac{(-1)^{n-1}}{\sqrt{n}} = 1 - \frac{1}{\sqrt{2}} + \frac{1}{\sqrt{3}} - \frac{1}{\sqrt{4}} + \cdots \tag{13}$$

の和を，少なくとも小数点以下4桁正しく求めよ．

注意　上記の諸法を適用してもよいが，それ以外の独自の加速法の工夫をも期待します．なおそれらを(1)や(2)に適用した結果も歓迎します．

（解説・解答は 255 ページ）

校正の折に追加

　ここで取り上げた例のように，ベキ級数に収束円周上の値を代入した級数の場合には，もとのベキ級数を連分数に書き直して計算するという有用な方法があります．多くの準備を必要とするのでまったく触れませんでしたし，現在では「忘れられた」(？)理論です．しかし歴史的には重要な役を果たしました．その一例は冒頭の級数(1)です．14世紀のインドのマーダヴァ学派の数学者が，(1)$=\pi/4$を連分数に変換して，π が循環しない無限連分数で表されることから，「円周率は無理数である．さらに整数係数の2次方程式の解にもならない」という驚くべき結果(？)を示していたことが，近年開明されています．

169

第**⑰**話　　　　　　　　　　三角比の近似値

1. 今話の趣旨

　日本の高等学校で三角比は 30°, 45°, 60° (とせいぜい 15°, 18°) しか使われないという皮肉な言 (？) が流布したことがあります．確かに三角測量の影は薄くなった (？) 現在，「はんぱな角」の三角比の出番は減りました．さらにコンピュータ／関数電卓の発展普及により，三角比やそれに対応する角の大きさは，三角関数表がなくても容易に計算できます．

　それにもかかわらず，与えられた角に対する三角比の概略の値，あるいは逆に与えられた三角比に対する角の概略の値を手軽に概算することが実用上よく必要になります．例えば正四面体の二面角 $\theta : \cos\theta = 1/3$ を満たす角がおよそどの位かを考えるのは重要です．

　これは半ば伝説 (？) ですが，その昔 (1980 年代) 某社の面接試験で次のような話が伝えられています．

　面接者： $\sin(75°)$ の値はどの位か？

　受験者：電卓はありませんか？

　これも一つの態度でしょうが，私なら咄嗟に「1 にかなり近い，0.95 位か」と答えたと思います．もう少し余裕があれば，グラフ $\sin x$ は 0° から 30° まではほぼ直線状で $\sin(15°) \fallingdotseq 1/4$ なので，余角の公式から

$$\sin(75°) = \cos(15°) \fallingdotseq \sqrt{1 - \left(\frac{1}{4}\right)^2} \fallingdotseq 1 - \frac{1}{2} \cdot \left(\frac{1}{4}\right)^2 = 1 - \frac{1}{32} \fallingdotseq 0.97$$

位だと暗算して答えたでしょう．後述のとおり

$$\sin(75°) = (\sqrt{6} + \sqrt{2})/4 = 0.9659258\cdots\cdots$$

ですから，0.97 というのは，結果的にかなりよい近似値です．

　この種の「概算」は実用上では意外と重要と思いますが，種々の事情

第3部　解析学関係

で(特に純粋数学者(？)からは)とかく敬遠されがちに感じています.

そのためにはテイラー展開なども有用ですが，以下に述べる通り理論的に計算できる 3° の整数倍の三角比の数値と比較すると有用なことがあります．さらに若干の応用例を示します.

三角関数に対して理論的には当然ラジアン単位ですが，実用上では度単位が便利です．電卓使用の場合単位を注意しないと見当違いの値が出ることが少なくありません．本来なら別の記号を使って sin, cos の記号と書き分けるべきですが，妥協案としてここでは度単位のときは sin(3°) などと記します.

2. 3° の整数倍の三角比

3° の整数倍の三角比はすべて整数に対する四則と平方根の演算で数値が計算できます．これはずっと以前に拙著『教室に電卓を！ III』(海鳴社，1984) で論じました．1990 年代に東京電機大学に奉職中，学部の卒業研究として，実際にこの方法によって「三角関数表」を作ったグループがありました(私自身の指導ではありませんでしたが).

2000 年代にも，「君はプトレマイオスを超えられるか」という題で，この種の試みが実行されたことがあります.

その基礎になるのは冒頭に述べた 30°, 45°, 60° と 15°, 18°, 36° の三角比の値です．次の値はかなりよく知られています.

$$
\begin{aligned}
\cos(15°) &= \frac{\sqrt{6}+\sqrt{2}}{4} = \frac{\sqrt{3}+1}{2\sqrt{2}}, \\
\sin(15°) &= \frac{\sqrt{6}-\sqrt{2}}{4} = \frac{\sqrt{3}-1}{2\sqrt{2}}, \\
\cos(18°) &= \frac{\sqrt{10+2\sqrt{5}}}{4}, \quad \sin(18°) = \frac{\sqrt{5}-1}{4}, \\
\cos(36°) &= \frac{\sqrt{5}+1}{4}, \quad \sin(36°) = \frac{\sqrt{10-2\sqrt{5}}}{4}
\end{aligned}
\tag{1}
$$

これらの求め方には面白い工夫が多数あり，それ自体が高等学校での「課題研究」のよい題材と思いますが，ここでは既知として進みます.

15° は 45°−30° = 60°−45° として加法定理で出ます．18°，36° について
は正五角形による図形的な導出を解答編に付記しました．3° の整数倍で
の値は，これらから下記のような組合せで加法定理によって計算できま
す(半角公式は不要；基本になる角は省略)．

$$3° = 18°−15°, \quad 6° = 36°−30°,$$
$$9° = 45°−36°, \quad 12° = 30°−18°,$$
$$21° = 36°−15°, \quad 24° = 60°−36°,$$
$$27° = 45°−18°, \quad 33° = 15°+18°,$$
$$39° = 90°−(15°+36°), \quad 42° = 60°−18°.$$

48° 以上は，余角の公式によって 42° までの角に帰着されます．この
ような手作りの表を用意しておくと有用です．

3. 1° の三角比

3桁程度の精度なら，前節で述べた 3° おきの三角比の数値を線型補間
(線分で1次式の形で近似) しても十分です．しかしもう少し詳しく求め
るには $\sin(1°)$，$\cos(1°)$ の値を詳しく計算して，加法定理を使うのが正
道でしょう．

微分積分学を学習した後なら，1° は $\pi/180$ ラジアンなので，テイラー
展開によって

$$\sin\frac{\pi}{180} = \frac{\pi}{180} - \frac{\pi^3}{6 \times 180^3} + \frac{\pi^5}{120 \times 180^5} \cdots$$
$$= 0.0174524$$
$$\cos\frac{\pi}{180} = 1 - \frac{\pi^2}{2 \times 180^2} + \frac{\pi^4}{24 \times 180^4} \cdots$$
$$= 0.9998477 \tag{2}$$

と計算できます．この精度なら最初の3項で十分です．

しかしもしも

$$\sin(3°) = \frac{\sqrt{5}-1}{4} \cdot \frac{\sqrt{6}+\sqrt{2}}{4} - \frac{\sqrt{10+2\sqrt{5}}}{4} \cdot \frac{\sqrt{6}-\sqrt{2}}{4}$$
$$= 0.0523359$$

第 3 部　解析学関係

から計算するのでしたら，第 1 近似としてその $1/3$ である $t_0 = 0.0174453$ をとりますが，これは真の値より小さすぎます．本来ならば $t = \sin(1°)$ として，3 倍角の公式により $3t - 4t^3 = \sin(3°)$ とすべきです．

　しかしここでは，この 3 次方程式の解法にこだわるよりも，むしろ第 2 近似値を $t_0 + \varepsilon$ として，微小の補正量 ε を求めるほうがよいでしょう．この場合 ε は十分に小さく，ε^2, ε^3 および $t_0^2\varepsilon$ は無視してよいので，

$$\sin(3°) = 3t_0 + 3\varepsilon - 4t_0^3 \Longrightarrow \varepsilon = (4/3)t_0^3$$

として $\varepsilon = 0.00000708$．これを加えれば (2) と同じく 0.0174524 を得ます．$\cos(1°)$ は

$$1 - 2\sin^2(0.5) \doteqdot 1 - (\sin(1°))/2$$
$$= 1 - 0.0001523 = 0.9998477$$

と計算できます．これは $\cos(1°) = \sqrt{1 - \sin^2(1°)}$ をテイラー展開して，最初の 2 項をとったものとも解釈できます．

　この種の近似計算はいろいろと工夫の余地があります．要は必要とする精度以上の微小量を求めることです．$1°$ に対する数値がわかれば，加法定理により前節の表を補って $1°$ 刻みの表ができます．

　このような「手作り三角関数表」は，近年「君はプトレマイオスを超えられるか？」といった題でいろいろと試みられています．なお $1°$ の三角比の値自体は実数の累乗根だけでは表されないことが証明されています．

4.　実例；2/7 と 1/3 の逆余弦

　かつて数学検定 1 級に $\cos\alpha = 2/7$ である鋭角 α の近似値を計算する問題が出題されたことがあります．「模範解答」ではテイラー展開を活用していましたが，前節の結果から次のような補間計算で解くことができます．むしろそのような解答のほうが多かった由です．$2/7$ はほぼ 0.3 であり，α は $60°$ と $90°$ の中間です．そこでの $y = \cos x$ は $y = \sin x$ の $0°$ から $30°$ までに相当し，この範囲のグラフはほぼ直線状です（僅かに

第**⑰**話 三角比の近似値

上に凸）．したがって線型補間によって α は 90° から

$$30° \times \frac{2}{7} \div \frac{1}{2} = 17.14°$$

だけ少ない角——およそ 73.8° と見当がつきます．同様に最初に挙げた $\cos\theta = 1/3$ の角 θ はほぼ 70° と予想できます．

随分乱暴な（？）予測ですが，結果的にはかなり正確です．余りに正確・厳密に固執しすぎると，かえって気付かない近似かもしれません．もう少し精密にするには 72° と 75° の余弦の値（= 18° と 15° の正弦の値）が既知なので，それから補間するとよいでしょう．

$$\left.\begin{array}{l}\cos(72°) = (\sqrt{5}-1)/4 \;\; = 0.309017 \\ \cos(75°) = (\sqrt{6}-\sqrt{2})/4 = 0.258819\end{array}\right]$$

$$\text{その差 } 0.050198$$

から，前記の α と θ を補間（補外）して求めると

$$\alpha \doteqdot 72° + 3° \times \frac{0.309017 - 0.285714}{0.050198} \doteqdot 73.45°$$

$$\theta \doteqdot 72° - 3° \times \frac{0.333333 - 0.309017}{0.050198} \doteqdot 70.41°$$

となります．度の整数倍に丸めるなら $\alpha \doteqdot 73°$, $\theta \doteqdot 70°$ ですが，これらはほぼ正しい値です．コンピュータで精密に計算すると $\alpha = 73.398450°$, $\theta = 70.528779°$ でした．

θ について，補間ではなくベキ級数によってもう少し詳しく求めてみましょう．θ の余角 θ' ($= 90° - \theta$) をラジアンで表すと（まぎらわしいが同じ記号で表して）

$$\sin\theta' = 1/3 \;\; \text{から} \;\; \theta' \doteqdot 1/3$$

です．もう少し精密にするために $\theta' = (1/3) + \varepsilon$ とおくと

$$\frac{1}{3} = \sin\theta' = \sin\frac{1}{3} + \varepsilon\cos\frac{1}{3} \doteqdot \frac{1}{3} - \frac{1}{6\cdot 3^3} + \varepsilon\left(1 - \frac{1}{2\cdot 3^2}\right) \qquad (3)$$

とります．(3) は直接のテイラー展開と考えてもよいが，加法定理を使って $\cos\varepsilon \doteqdot 1$, $\sin\varepsilon \doteqdot \varepsilon$ と近似し，テイラー展開の初めの 2 項をとったと考えても導くことができます．(3) から

175

第3部　解析学関係

$$\varepsilon \doteqdot \frac{1}{2 \times 3^4} \div \frac{17}{18} = \frac{1}{153},$$

$$\theta' = \frac{1}{3} + \frac{1}{153} = 0.33987 \text{ (ラジアン)}$$

です．度に直すために $180/\pi$ を掛けて $19.473°$，したがって $\theta = 70.527°$ です．前の概算も意外と正確でした．以上はほんの一例です．

5.　1 ラジアンの三角比

引き数が π の有理数倍の三角関数は黙っていてもラジアン単位と理解するようですが，$\cos 1, \sin 1$ と記すと $\cos(1°), \sin(1°)$ と混同する生徒が予想外に多いようです（ラジアンを学習していない段階では無理もないが）．1 ラジアンは $60°$ より少し小さいので，$\cos 1$ は 0.5 より少し大きく，$\sin 1$ は $\sqrt{3}/2 = 0.86\cdots$ より少し小さいと見当がつきますが，もっと精密な値はどうでしょうか．

前出の三角比の表から $57°$ の近傍を補間して計算することもできますが，直接にベキ級数によると

$$\left.\begin{aligned}\cos 1 &= 1 - \frac{1}{2} + \frac{1}{24} - \frac{1}{720} + \frac{1}{40320} \doteqdot 0.54030 \\ \sin 1 &= 1 - \frac{1}{6} + \frac{1}{120} - \frac{1}{5040} \doteqdot 0.84147\end{aligned}\right\} \tag{4}$$

と計算できます．小数点以下 5 桁の概算なら，上記の項までで十分です．コンピュータでもっと精密に計算すると $\cos 1 = 0.540302306$，$\sin 1 = 0.841470985$ となりました．

6.　ある三角方程式

次の三角方程式の近似解が必要なことがありました．

$$2 \cos \theta - \cos(2\theta) = 2 \sin \theta + \sin(2\theta),$$
$$0 < \theta < \pi/4 \tag{5}$$

（5）の両辺とも θ ととも増加しますが，右辺のほうが速く増え，グラフを描くと $\theta \fallingdotseq 0.277$ ラジアン（ほぼ $15.8°$）あたりで等しくなります．これはほぼ $15°$ なので，初期値を $\theta_0 = \pi/12$ ラジアン（$15°$）とすると

$$（5）の左辺 = \frac{\sqrt{6}+\sqrt{2}}{2} - \frac{\sqrt{3}}{2} \fallingdotseq 1.06582$$

$$（5）の右辺 = \frac{\sqrt{6}-\sqrt{2}}{2} + \frac{1}{2} \fallingdotseq 1.01764$$

$$左辺 - 右辺 = \sqrt{2} - (\sqrt{3}+1)/2 \fallingdotseq 0.04818 \qquad (6)$$

です．他方（左辺 − 右辺）の導関数

$$-2\sin\theta + 2\sin 2\theta - 2\cos\theta - 2\cos 2\theta$$

の $\theta = \pi/12$ での値は

$$-\frac{\sqrt{6}-\sqrt{2}}{2} + 1 - \frac{\sqrt{6}+\sqrt{2}}{2} - \sqrt{3}$$
$$= 1 - \sqrt{6} - \sqrt{3} \fallingdotseq -3.1815$$

です．ニュートン法による近似で（5）の解はほぼ

$$\theta = \frac{\pi}{12} + \frac{0.048}{3.182} = 0.2769$$

と計算できます．

　もっと大ざっぱでよければ，（5）の両辺をテイラー展開して最初の項をとると

$$2(1-\theta^2/2) - (1-(2\theta)^2/2) = 2\theta + 2\theta \Longrightarrow \theta^2 - 4\theta + 1 = 0,$$

$$（小さい方の解；ほぼ 15°）$$

と見当がつきます．必要ならニュートン法などでもっと精度を上げることができますが，こういった概算も必要なことがあります．

　次の今話の問題は上述とは異質の不等式ですが，数学検定準 1 級に出題されて意外と成績の悪かった問題です．上記の近似値が参考になると思います．

177

第 3 部　解析学関係

━━━━━━━━━━━ **設 問 17** ━━━━━━━━━━━

2 つの関数 $\cos(\sin x)$ と $\sin(\cos x)$ の大小関係を判定せよ．三角関数の引き数はすべてラジアンである．例えば $\sin(\cos 0) = \sin(1)$ は 1° ではなく，1 ラジアンの角に対する値である．

注意　まず $0 \leqq x \leqq \pi/2$ の範囲だけ考察すれば十分なことを注意し，必要に応じて小区間に分けて比較します．但しもっと直接に判定できるうまい方法もあります．

（解説・解答は 256 ページ）

第**⑱**話 　　　　　**積分に関する良い配置**

1. 標題の意味

　定積分は区分求積でおなじみの通り元来は積和の極限です．理論的にはどのような区分でも細分すれば収束するというので十分ですが，近似値計算(数値積分)にはうまい区分と節点(分点)を工夫し，少数の節点でも十分によい近似値を得る工夫が欠かせません(前著第22話参照)．

　1変数でなく多変数(重積分)の場合には一層の困難があります．しかし特殊な領域 Ω では，対称性の高いうまい節点の族をとると，ある程度上記の目的にかなう場合があります．標題はそのような節点の配置を意味します．これは数値積分の実用上よりも，むしろ幾何学の方面から，対称性の高い図形として研究されてきました．具体的には各節点 P_i に適当な重み c_i をつけると，被積分関数 f が q 次以下の多項式の場合，積和 $\sum c_i f(P_i)$ の値が所要の領域 Ω 上の定積分 $\int_{\Omega} f$ の値と一致するとき，配置集合 $\mathcal{P} = \{P_i\}$ を q **次の良い配置**とよびます．極端な(そしてほぼ自明な)一例ですが，Ω が原点 O について点対称なら，$P_1 = O$，$c_1 = (\Omega$ の体積$)$ とすれば，$\{O\}$ は1次の良い配置です．また Ω が各座標面について対称なら，P_i を各座標軸について対称に配置し，対称な点の組の重みを等しく採れば，奇数次の同次多項式 f については

$$0 \ (\text{積分値}) = 0 \ (\text{積和の値})$$

の形で等式が成立します．したがって2次式に対して一致すれば3次のよい配置，4次以下の多項式に対して一致すれば5次のよい配置になります．以下考えるのはおもにこの型の配置です．

　この方面の研究は既に十分に行われています．3次元以上では，特に

第3部　解析学関係

重みを均一にすると良い配置の次数には限界（それも意外と小さい）があ
ることなどが既知です．しかし簡単な場合を少し調べてみましょう．

2. 平面上の円板の場合（1）台形公式相当

手始めに Ω が平面上の単位円板 $\{x^2+y^2 \leqq 1\}$ のときを考えます．定
数 π を避けるために積分値を「平均」に相当する

$$I(f)=\frac{1}{\pi}\iint_\Omega f(x,y)dxdy \tag{1}$$

で置き換え，積和を $J(f)=\sum_{i=1}^m c_i f(\mathrm{P}_i)$ とします．極座標 (r,θ) に変

換すると $f(x,y)=\widetilde{f}(r,\theta)$ と変換して次のようになります．

$$I(f)=\frac{1}{\pi}\int_{r=0}^1\int_{\theta=0}^{2\pi}\widetilde{f}(r,\theta)rdrd\theta \tag{2}$$

三角関数の積分の計算から次の結果を得ます．

$$\begin{aligned}
&I(1)=1,\ I(x^2)=I(y^2)=1/4,\\
&I(x^4)=I(y^4)=1/8,\ I(x^2y^2)=1/24
\end{aligned} \tag{3}$$

ここで $\displaystyle\int_0^{2\pi}\sin^2\theta d\theta=\int_0^{2\pi}\cos^2\theta d\theta=\pi$ は容易に求まります．4次の場
合

$$\int_0^{2\pi}\sin^4\theta d\theta=\int_0^{2\pi}\cos^4\theta d\theta=\frac{3}{4}\pi$$

は漸化式（前著第 21 話）によってもよいし，また

$$\int_0^{2\pi}(\sin^4\theta+\sin^2\theta\cos^2\theta)d\theta=\int_0^{2\pi}\sin^2\theta d\theta=\pi$$

と，次の積分（$\phi=2\theta$ と置換）

$$\int_0^{2\pi}\sin^2\theta\cos^2\theta d\theta=\frac{1}{4}\int_0^{2\pi}(\sin^2 2\theta)d\theta$$

$$=\frac{2}{8}\int_0^{2\pi}\sin^2\phi d\phi=\frac{\pi}{4}$$

とを組み合わせても計算できます．

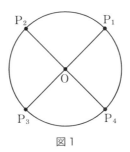

図1

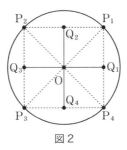

図2

さて $P_0 = O$（原点，Ω の中心）とし，P_1, P_2, P_3, P_4 を Ω の周上で偏角が $45°, 135°, 225°, 315°$ の点，すなわち $(\pm 1/\sqrt{2}, \pm 1/\sqrt{2})$（± はすべての組合せ）に採ります．$P_0 = O$ での重み $c_0 = c$ と他の点での重み $c_1 = c_2 = c_3 = c_4 = a$ を求めましょう．定数 1 および x^2（y^2 も同じ）に対して $I(f) = J(f)$ とすると，条件式

$$c + 4a = 1, \quad 4 \times (1/\sqrt{2})^2 \times a = 1/4$$

から $a = 1/8$, $c = 1/2$ を得ます．これは 3 次の良い配置です（図1）．周囲の 4 点を一まとめにすると，中心 $r = 0$ と端 $r = 1$ での重み（合計）が $1/2$ ずつなので，1 変数の**台形公式**の類似と考えられます．

3. 平面上の円板の場合（2）中点公式相当

それでは**中点公式**の類似はどうでしょうか？4 点 Q_1, Q_2, Q_3, Q_4 を $(u, 0), (0, u), (-u, 0), (0, -u)$（$u > 0$ で未知数）と採ると，共通の重み

は定数に対する条件から $I(1)=J(1)=1$ から $1/4$ です．次に2次式に対する条件から

$$1/4 = I(x^2) = J(x^2) = (1/4) \times 2u^2 \implies u = 1/\sqrt{2}$$

となります（図2）．位置 u が中央の $1/2$ ではありませんが，Q_i が前節で作った正方形 $P_1P_2P_3P_4$ の各辺の中点ですから，中点公式の類似といってよいでしょう．これも3次のよい配置です．xy については $0=0$ の形で成立します．

1変数の場合，台形公式と中点公式を $1:2$ の重みで平均すると**シンプソン公式**になります．この場合も同様の関係が成立します．両者を併せて9点（正方形の中心，4頂点と4辺の中点）とし，重みを O, P_i, Q_i に対してそれぞれ $1/6$, $1/24$, $1/6$ とすると，3次以下の f では当然 $I(f)=J(f)$ ですが，4次式でも次のように等式が成立して，5次の良い配置になります．

$$J(x^4) = 2 \times \frac{1}{6} \times \left(\frac{1}{\sqrt{2}}\right)^4 + 4 \times \frac{1}{24} \times \left(\frac{1}{\sqrt{2}}\right)^4$$

$$= \left(\frac{1}{3} + \frac{1}{6}\right) \times \frac{1}{4} = \frac{1}{8} = I(x^4).$$

$$J(x^2 y^2) = 0 + 4 \times \frac{1}{24} \times \left(\frac{1}{\sqrt{2}}\right)^4 = \frac{1}{24} = I(x^2 y^2).$$

y^4 は x^4 と同じ，$x^3 y$, xy^3 については $0=0$ の形で等号が成立します．全体の図形を $45°$ 回転しても5次の良い配置です．

4. 球面の場合（1）正八面体と立方体

良い配置が主題となるのはむしろこの場合です．Ω を単位球面 $\{x^2+y^2+z^2=1\}$ とし，球面上の面素を dS とします．便宜上表面積 4π で割り，極座標（球座標）で

$$I(f) = \frac{1}{4\pi} \iint_{\Omega} f dS$$

$$= \frac{1}{4\pi} \int_{\theta=0}^{\pi} \int_{\phi=0}^{2\pi} \tilde{f}(\theta, \phi) \sin\theta d\theta d\phi \tag{4}$$

とした平均値を所要の積分値とします.

$$I(1)=1,\ I(x^2)=I(y^2)=I(z^2)=1/3 \tag{5}$$

は容易に計算できますが, 2節の場合と同様に

$$I(x^4)=I(y^4)=I(z^4)=1/5,$$
$$I(x^2y^2)=I(y^2z^2)=I(x^2z^2)=1/15 \tag{6}$$

が計算できます(計算略, 読者への演習問題).

2節の類似として, 球に内接する**正八面体の頂点**(座標軸上の単位点とその対称点)を$P_1,\cdots,P_6$とします. $J(1)=1$から共通の重みは$1/6$ですが, (5)から2次式について$I(f)=J(f)\ (=J_1(f)$とおく$)$がわかります. したがってこれは3次の良い配置になります.

次に球に内接する**立方体の頂点**$(\pm1/\sqrt{3},\pm1/\sqrt{3},\pm1/\sqrt{3})$($\pm$はすべての組合せ)を$Q_1,\cdots,Q_8$とします. 共通の重みは$1/8$ですが, やはり(5)から2次式について$I(f)=J(f)\ (=J_2(f)$とおく$)$となり, 3次の良い配置です.

この両者を$\lambda:(1-\lambda)\ (0<\lambda<1)$の重みで平均して5次の良い配置にできるでしょうか?

$$J_1(x^4)=1/3,\quad J_1(x^2y^2)=0,$$
$$J_2(x^4)=1/9,\quad J_2(x^2y^2)=1/9$$

から(6)と比較して2個の等式

$$\frac{1}{3}\lambda+\frac{1}{9}(1-\lambda)=\frac{1}{5},\quad \frac{1}{9}(1-\lambda)=\frac{1}{15} \tag{7}$$

が成立しなければなりません. 幸い両式とも

$$\lambda=2/5,\quad 1-\lambda=3/5$$

のとき成立します. 結局正八面体の頂点P_iの重みを$1/15$, 立方体の頂点Q_jの重みを$3/40$と採れば, 全体として5次の良い配置になります. これはうまくゆきましたが, 立方体や正八面体を勝手な位置に置くと, 計算が大変な上に, 必ずしもうまくゆかないことが起こります. 上述の構成は菱形十二面体の変種を作ったことに相当します. なお4次元空間で同様の操作をすると正二十四胞体(等重)になることが知られています.

第3部　解析学関係

5. 球面の場合（2）その他の正多面体

　正多面体のうち正四面体は点対称でなく余り「良い配置」とは思われません. しかし正四面体とその中心に関する対称点の合計8点は立方体の頂点をなすので, 前節の結果に含まれます.

　前節末の「菱形十二面体」は実用上にも有用と思いますが, 14頂点です. 実はもっと節点の数を減らした12点で, かつ均一重みの5次のよい配置があります. それは正二十面体の12個の頂点です. 無理数 $\sqrt{5}$ が入って実用上の難点はあるが, 結果的には意外と良い配置です. それを今話の課題にします(後述).

　正十二面体の20個の頂点も同様です. 正二十面体の頂点と組み合わせて重みをうまく採ると, 7次の良い配置ができます. 特に設問にはしませんが, 余力のある方の研究課題にします.

　4次元以上の空間内の単位超球面上での類似の問題を考えると(そのほうがむしろこの理論の本命), 各種の正多胞体・準正多胞体の頂点が次数の高い良い配置になります. 特別な次元数に対しては「例外的に高次」の特別に良い配置が知られています. 例えば4次元空間の正六百胞体の全120個の頂点がその一例で, 11次の良い配置です. それらがこの理論の一つの中心ですが, ここではこれ以上の深入りは控えます.

━━━━━━━━━━━━━ **設問 18** ━━━━━━━━━━━━━

[1] まず単位球に内接する正二十面体の頂点の標準座標を求めよ. 2点を北極・南極（$\theta = 0$ と π, ϕ は不定）に選ぶと, 他の10点中5点ずつが $\cos\theta = 1/\sqrt{5}$ と $-1/\sqrt{5}$ の位置（ϕ は $2\pi/5$（72°）おき）にくる.

[2] それを利用して共通の重み $1/12$ について, これら12点が5次の良い配置をなすことを確かめよ.

━━━━━━━━━━━━━━━━━━━━━━━━━━━━━━━━━━

（解説・解答は 258 ページ）

第**⑲**話　　　　　　　　　　　　　　　**直交多項式**

1. 直交多項式とは

　実数軸上の区間 $[a, b]\,(a < b)$ を定め，そこで定義された**正の値**をとる**重み関数** $w(x)$ を定めます．区間 (a, b) で定義された (連続) 実数値関数 $f(x), g(x)$ に対して，その**内積**を

$$\langle f, g \rangle = \int_a^b f(x)g(x)w(x)dx \tag{1}$$

で定義します．$a = -\infty$，$b = +\infty$ も許容しますが，そのときには (1) の積分が収束 (多くは絶対収束) することを仮定します．内積 $\langle f, g \rangle = 0$ のとき，f と g とは**直交する**といい，互いに直交する多項式の族を**直交多項式系**とよびます．但し普通には 0 および正の整数 $n\,(= 0, 1, 2, \cdots)$ のおのおのに対して n 次の多項式 $p_n(x)$ の族があり，それらが互いに直交するものをそうよびます．

　直交多項式については『現代数学』の連載記事に精細に論じられていました．それらと重複する個所が多いのですが，ここでは少し別の面から扱います．古典的に有名な直交多項式系の代表例を表1に示します．これらの拡張に相当するゲーゲンバウエル，ヤコビなどの名を冠する直交多項式系もあります．

表 1　古典的な直交多項式系の代表例

区間	重み関数	記号	名称
$(-1, 1)$	1	$P_n(x)$	ルジャンドルの多項式
$(-1, 1)$	$1/\sqrt{1 - x^2}$	$T_n(x)$	チェビシェフの多項式
$(0, \infty)$	e^{-x}	$L_n(x)$	ラゲールの多項式
$(-\infty, \infty)$	$e^{-x^2/2}$	$H_n(x)$	エルミートの多項式

第3部　解析学関係

上記の直交多項式系個々について，いろいろと深い結果が導かれ，それらをまとめた大部の教科書も多数あります．ここではその中から漸化式と選点直交性について一般的に論じます．

最後の課題には，これまで余り使われていなかった実例を論じます．

2. 直交多項式系の基本性質（漸化式）

多項式の基底 $1, x, x^2, \cdots$ に，内積 (1) によるグラム・シュミットの直交化手法を適用すれば，直交多項式系 $\{p_n(x)\}$ ができます．しかも各 $p_n(x)$ はちょうど n 次多項式なので，任意の多項式は $p_n(x)$ の一次結合によって一意的に表現できます．$q(x)$ が $(n-1)$ 次以下の多項式なら $\langle q, p_n \rangle = 0$ です．以上は当然ですが，基本性質です．

$p_n(x)$ をその**ノルム** $\|p_n\| = \sqrt{\langle p_n, p_n \rangle}$ で割れば，ノルムが 1 と正規化されますが，そう固定すると実用にはかえって不便な場合が多いようです．実用上ではモニック（最高次の係数を 1）にするとか，区間が有限のときには端点での値を 1 にするといった，別の「標準化」のほうが普通です．

まず漸化式を調べます．

定理 1　直交多項式系 $\{p_n(x)\}$ は適当な定数 $c_{n+1}^{(n)} \neq 0$, $c_n^{(n)}$, $c_{n-1}^{(n)}$ ($n \geq 1$ なら $\neq 0$) によって，**三項漸化式**

$$c_{n+1}^{(n)} p_{n+1}(x) - (x - c_n^{(n)}) p_n(x) + c_{n-1}^{(n)} p_{n-1}(x) = 0 \qquad (2)$$

を満足する．ここで $c_{n-1}^{(n)} \|p_{n-1}\|^2 = c_n^{(n-1)} \|p_n\|^2$ である．

証明　$x p_n(x)$ は $(n+1)$ 次多項式なので $\displaystyle\sum_{k=0}^{n+1} c_k^{(n)} p_k(x)$ と表される．当然 $c_{n+1}^{(n)} \neq 0$ である．そして直交性から，その係数は

$$c_k^{(n)} = \langle x p_n, p_k \rangle / \langle p_k, p_k \rangle \qquad (3)$$

と表される．しかし定義から

186

第**⓳**話　直交多項式

$$\langle xp_n, p_k \rangle = \int_a^b p_n(x)p_k(x)xw(x)dx$$
$$= \langle p_n, xp_k \rangle \tag{4}$$

である．$k \le n-2$ ならば $xp_k(x)$ は $(n-1)$ 次以下の多項式なので，直交性によって $(4) = 0$ となる．すなわち $k \le n-2$ のときには $c_k^{(n)} = 0$ であり，$xp_n(x)$ は p_{n-1}, p_n, p_{n+1} の一次結合として表される．それを整理すれば (2) になる．最後の等式は (3) から左辺 $= \langle xp_n, p_{n-1} \rangle = \langle xp_{n-1}, p_n \rangle$（$(4)$ による）$=$ 右辺である．なお $n = 0$ の場合は $p_0(x) = \gamma$（定数 $\ne 0$），$p_1(x) = \alpha x + \beta$ なので，$c_1^{(0)} = \gamma/\alpha$, $c_0^{(0)} = -\beta/\alpha$, $c_{-1}^{(0)} = 0$ とおく．□

$c_{n-1}^{(n)}$ と $c_n^{(n-1)}$ とが 0 でなく**同符号**であることに注意します．もしも $p_n(x)$ のノルムをすべて 1 と**正規直交化**すれば，$c_{n-1}^{(n)} = c_n^{(n-1)}$ です．(2) を書き換えると，次のように述べることができます．

系　$p_0(x)$, $p_1(x)$, $p_2(x)$, $\cdots$ を順次の成分とする無限長の縦ベクトルを $\boldsymbol{p}$ とし，無限の三重対角行列 C を（空白個所はすべて 0）(5) のようにおく．もしも $\|p_n\| = 1$ と正規化すれば C は対称行列である．このとき $C\boldsymbol{p} = x\boldsymbol{p}$ が成立する．すなわち $\boldsymbol{p}$ は c の「固有値」x に対する固有ベクトルである．

$$C = \begin{bmatrix} c_0^{(0)} & c_0^{(0)} & & \\ c_0^{(1)} & c_1^{(1)} & c_2^{(1)} & \\ & c_1^{(2)} & c_2^{(2)} & c_2^{(2)} \\ & & & \ddots \end{bmatrix} \tag{5}$$

定理 2　(5) の左上 n 行 n 列をとった行列を C_n, $\boldsymbol{p}$ の最初の n 個をとった縦ベクトルを $\boldsymbol{p}_n$ とおく．$p_n(x) = 0$ の解 x_0 に対し
$$C_n \boldsymbol{p}_n(x_0) = x_0 \boldsymbol{p}_n(x_0) \tag{6}$$
が成立する．すなわち n 次正方行列 C_n の固有値は $p_n(x) = 0$ の解 n 個であり，x_0 に対応する固有ベクトルは $\boldsymbol{p}_n(x_0)$ で与えられる．

第3部　解析学関係

略証　(6) の上 $(n-1)$ 行は前の系で $x = x_0$ とおいた式である．最後の行は $p_n(x_0) = 0$ なので

$$c_{n-2}^{(n-1)} p_{n-2}(x_0) + c_{n-1}^{(n-1)} p_{n-1}(x_0) = x_0 p_{n-1}(x_0)$$

となる．□

(6) は個々の直交多項式系については周知の事実ですが，このように一般的に証明できます．

3.　直交多項式の零点

$\{p_n\}$ を正規直交系とすると，定理 2 の C_n は対称行列なので，その固有値に相当する $p_n(x)$ の零点は**すべて実数**です．

定理 3　$p_n(x)$ の零点はすべて区間 $a < x < b$ 内にあり，すべて相異なる単純零点である．

証明　$n > 0$ とする．p_n が p_0（定数）と直交することから $\int_a^b w(x) p_n(x) dx = 0$ である．このことから $p_n(x)$ は区間 $[a, b]$ 内に零点をもつ（一定符号ではない）．その零点を順次 $a < x_1 < \cdots < x_k < b$ $(k \leq n)$ とする．但し重複零点も一つと数え，偶数重の零点（その両側で $p_n(x)$ の符号が同じ点）は除外する．このとき $p_n(x)$ は $a, x_1, \cdots, x_k, b$ で区切られた各小区間で符号が交互に正，負となる．すなわち

$$q(x) = (x - x_1) \cdots (x - x_k)$$

とおけば，これは k 次の多項式で，上記の各小区間で符号が交互に正，負となり，$w(x) p_n(x)$ との積は定符号になってその積分は 0 ではない．もしも $k < n$ ならばこれは直交性と矛盾する．したがって $k = n$ であるが，n 次多項式の零点は n 個より多くはないので，x_j $(j = 1, \cdots, n)$ はすべて相異なる単純零点でなければならない．□

第**⑲**話　直交多項式

定理 4　同一の点 x_0 で $p_n(x_0) = p_{n-1}(x_0) = 0$ となることはない．そして $p_n(x)$ の n 個の零点の中間に $p_n'(x)$ と $p_{n-1}(x)$ の零点がそれぞれ 1 個ずつある．

略　証　もし $p_n(x_0) = p_{n-1}(x_0) = 0$ なら漸化式を n の小さい方に辿ると，$p_{n-2}(x_0) = \cdots = p_1(x_0) = p_0(x_0) = 0$ となるが，これは p_0 が 0 でない定数という性質に反する．$p_n'(x)$ の零点の性質はロルの定理による．次に $p_k(x)$ の最高次の係数をすべて正と標準化すれば，$c_{k+1}^{(k)} > 0$；$c_{k-1}^{(k)} = c_k^{(k-1)} > 0$ で両者同符号だから，$p_k(x_0) = 0$ である x_0 で $p_{k-1}(x_0)$ と $p_{k+1}(x_0)$ とは**異符号**である．$p_0 > 0$ で，$p_1(x_0) = 0$ である唯一の点 x_0 では $p_2(x_0) < 0$ だから，p_2 の 2 個の零点は区間 (a, x_0) と (x_0, b) に 1 個ずつある．数学的帰納法により，p_k について正しいとすると，p_k の k 個の零点 x_j で p_{k-1} は交互に正負となり，p_{k+1} はそれと逆符号で交互に負正となるので，x_j の両側に p_{k+1} の零点があり，p_{k+1} についても正しい．□

補助定理 5　各 $p_n(x)$ の最高次の係数をすべて正と標準化する（以下そのようにする）と，$p_n(x)$ の各零点 x_j において $p_n'(x_j) \cdot p_{n-1}(x_j) > 0$ である．

略　証　0 でないことは定理 4 の最初の命題による．最も右の（b に近い）零点 x_n では $p_n'(x) > 0$，$p_{n-1}(x) > 0$ である．定理 4 と x_j がすべて単純零点であることから，隣接する零点 x_{j-1}, x_j において p_n' も p_{n-1} もともに相反する符号をとる．ゆえに積の符号は同一であり，すべて正になる．□

189

第 3 部　解析学関係

4.　選点直交性

もう一つ興味ある一般的な定理が，以下の選点直交性です．

補助定理 6　$\{p_n(x)\}$ を正規直交系とし，記号 (3) から
$$\alpha_k = 1/c_{k+1}^{(k)} = 1/c_k^{(k+1)}, \; \beta_k = c_k^{(k)}/c_{k+1}^{(k)} \tag{7}$$
とおく．対角線成分が β_k/α_k $(k = 0, 1, \cdots, n)$; その両隣が順次 $1/\alpha_0,$ $1/\alpha_1,$ $\cdots,$ $1/\alpha_{n-1}$ (他は 0) である $(n+1)$ 次三重対角行列を A_n; $p_0, p_1, \cdots,$ p_n を成分とする $(n+1)$ 次縦ベクトルを $\boldsymbol{p}$, $p_{n+1}(x) = 0$ の解を $x_0, x_1, \cdots, x_n$ とし，縦ベクトルを並べて $[\boldsymbol{p}(x_0),$ $\boldsymbol{p}(x_1), \cdots, \boldsymbol{p}(x_n)]$ と作った $(n+1)$ 次正方行列を P; $(x_0, x_1, \cdots, x_n)$ を対角線成分とする対角行列を D とすると，$A_n P = PD$ である．

略証　実質的に定理 1 系および定理 2 の書き直しである．まず三項漸化式 (2) を次のように書き換える．
$$p_{k-1}(x)/\alpha_{k-1} + (\beta_k/\alpha_k)p_k(x) + p_{k+1}(x)/\alpha_k = xp_k(x) \tag{2'}$$
これを行列形式で表し，式 (6) の x_0 に順次零点 $x_0,$ $x_1, \cdots, x_n$ を代入した式をまとめれば $A_n P = PD$ となる．□

最高次の係数を正とすれば $\alpha_k > 0$ です．

補助定理 7　上述の記号 (7) を使うと
$$(x-y)\,p_k(x)\,p_k(y) = \frac{1}{\alpha_k}\begin{vmatrix} p_{k+1}(x) & p_k(x) \\ p_{k+1}(y) & p_k(y) \end{vmatrix} - \frac{1}{\alpha_{k-1}}\begin{vmatrix} p_k(x) & p_{k-1}(x) \\ p_k(y) & p_{k-1}(y) \end{vmatrix}$$
$$\tag{8}$$

略証　漸化式 (2') と x を y に換えた式を作る．前者に $p_k(y)$, 後者に $p_k(x)$ を掛けて引き，差を行列式にまとめて整理すれば (8) を得る．□

$$\sum_{k=0}^{n} (x - x_j) p_k(x) p_k(x_j) = \frac{1}{\alpha_n} p_{n+1}(x) p_n(x_j) \tag{9}$$

略証 (8)で $y = x_j$ とおき，これらを $k = 0$ から n まで加える．中間の項は打ち消し合い，$p_{-1} = 0$（と約束），$p_{n+1}(x_j) = 0$ から，残る $k = n$ の行列式が(9)の右辺になる．□

定理8（選点直交性） $\{p_n(x)\}$ を正規直交系とし，$p_{n+1}(x)$ の零点を $x_0, x_1, \cdots, x_n$ とすると $0 \leq k, l \leq n$ について次の式が成立する：

$$\sum_{j=0}^{n} p_k(x_j) p_l(x_j) \omega_j = \begin{cases} k \neq l \ \text{なら} \ 0 \\ k = l \ \text{なら} \ 1 \end{cases} \ \text{つまり} \ = \delta_{kl} \tag{10}$$

ここで $\omega_j = \alpha_n / p'_{n+1}(x_j)\, p_n(x_j)$ とおく．

証明 (9)式の x に $x_i (i \neq j)$ を代入すれば $p_{n+1}(x_i) = 0$, $x_i - x_j \neq 0$ という関係から $\sum_{k=0}^{n} p_k(x_i) p_k(x_j) = 0$ である．また(9)を $x - x_j$ で割って $x \to x_j$ とすれば，$[p_{n+1}(x) - p_{n+1}(x_j)]/(x - x_j) \to p'_{n+1}(x_j) \neq 0$ で

$$\sum_{k=0}^{n} p_k(x_j) p_k(x_j) = \frac{1}{\alpha_n} p'_{n+1}(x_j) p_n(x_j)$$

$$= 1/\omega_j > 0$$

である（$\omega_j > 0$ は補助定理5による）．以上は $(n+1)$ 次正方行列 $[\sqrt{\omega_j}\, p_k(x_j)]_{j,k=0,\cdots,n}$ が正規直交行列であることを意味する．その転置行列が両側逆行列なので，式(10)に相当する等式

$$\sum_{j=0}^{n} p_k(x_j)\, p_l(x_j) \omega_j = \delta_{kl}$$

を得る．□

第3部　解析学関係

5. ロバットの多項式

実例は当初ルジャンドル多項式を予定していました．しかし『現代数学』の連載記事に詳しい解説があったので，とりやめました．代わりにヤコビの多項式の特別な一例ですが，区間 $[0,1]$ で重み $x(1-x)$ に対する**ロバットの多項式系** $p_n(x)$（ここだけの記号）を扱います．

まず，$p_0(x)=1$ とし，これと直交する1次式を $p_1(x)=2x-1$（1/2に対する対称性）とすると，

$$\|p_0\|^2 = \int_0^1 x(1-x)dx = \frac{1}{6},$$
$$\|p_1\|^2 = \int_0^1 x(1-x)(2x-1)^2 dx = \frac{1}{30} \tag{11}$$

です．(11) などの計算には m, n が正の整数のとき，ベータ関数関連の定積分の公式

$$\int_0^1 x^m(1-x)^n dx = \frac{m!\,n!}{(m+n+1)!} \tag{12}$$

を活用すると有利です．

次に p_0, p_1 と直交する2次式 $p_2(x)$ を求めましょう．それを型通り ax^2+bx+c とおいてもよいが，p_1 と直交することから，$x=1/2$ について対称として，$ax(1-x)+b$ とおいて構いません．p_0 との直交性から

$$0 = \int_0^1 x(1-x)[ax(1-x)+b]dx$$
$$= \frac{a}{30} + \frac{b}{6}$$

したがって $b=1$ として $a=-5$，$p_2(x)=5x^2-5x+1$ と定まります．ノルムの2乗は

$$\|p_2\|^2 = \int_0^1 x(1-x)(5x^2-5x+1)^2 dx$$
$$= 25\int_0^1 x^3(1-x)^3 dx - 10\int_0^1 x^2(1-x)^2 + \int_0^1 x(1-x)dx$$
$$= \frac{25\times 3!\times 3!}{7!} - \frac{10\times 2!\times 2!}{5!} + \frac{1}{6} = \frac{1}{84}$$

192

であり，$\sqrt{6}$, $\sqrt{30}(2x-1)$, $\sqrt{84}(5x^2-5x+1)$ が2次式までの正規直交系です．この先を今回の設問にします．

参考文献　多数あるが特に次を推奨します：

青本和彦，直交多項式入門，数学書房，2013.

6. 今話の問題

単なる計算ですが次の課題を提出します．

━━━━━━━━━━━━ **設 問 19** ━━━━━━━━━━━━

[1] 上述のロバットの直交多項式系で3次の $p_3(x)$ を求め，正規化して x^3 の係数が正の形で答えよ．

[2] ロバットの直交多項式系は，定数倍を除いて次のロドリーグ型の式で与えられることを確かめよ．

$$\frac{d^{n+2}}{dx^{n+2}}\left[x^{n+1}(1-x)^{n+1}\right] = \text{定数倍の } p_n(x) \tag{13}$$

[3] これは余興で解答しなくてもよいが，ここで次の関係があることを確かめよ．

$$\frac{d^n}{dx^n}\left[x^{n+1}(1-x)^{n+1}\right] = -\frac{x(1-x)\times\text{式}(13)}{(n+1)(n+2)} \tag{14}$$

（解説・解答は 262 ページ）

第**⑳**話

パデ近似

1. パデ近似とは

パデ近似とは (形式的) ベキ級数 $\displaystyle\sum_{k=0}^{\infty} c_k x^k$ に対して，次の意味での有理関数 $P(x)/Q(x)$ による近似です．

> **定義1** $P(x),\ Q(x)$ をそれぞれ (たかだか) n 次，m 次の (n, m を指定) 多項式とする．分母を払った形のベキ級数
>
> $$Q(x) \cdot \sum_{k=0}^{\infty} c_k x^k - P(x) \tag{1}$$
>
> の最初の項ができるだけ多く (実際には x^{m+n} まで) 0 になるように P, Q の係数を定めたとき，P/Q を $\sum c_k x^k$ の **(n, m) 型パデ近似**という．

P, Q には全体に 0 でない定数を掛ける自由度が残りますが，例えば $Q(x)$ の定数項を 1 と標準化すると，P, Q の係数 a_i, b_j 合計 $m+n+1$ 個を未知数とし，$\{c_k\}$ を係数とする $m+n+1$ 元連立 1 次方程式になります．その係数行列は

$$\begin{bmatrix} c_0 & c_1 & c_2 & \cdots & c_l \\ c_1 & c_2 & c_3 & \cdots & c_{l+1} \\ c_2 & c_3 & c_4 & \cdots & c_{l+2} \\ \cdots & \cdots & \cdots & \cdots & \cdots \\ c_l & c_{l+1} & c_{l+2} & \cdots & c_{2l} \end{bmatrix} \quad (l = 1, 2, \cdots) \tag{2}$$

の形です．

第3部　解析学関係

定義2　(2) を $\{c_k\}$ の**ハンケル行列**とよぶ．(2) の行列式がすべての l について，そのどれもが 0 でないとき，もとのベキ級数を**正則**とよぶ．そのときにはパデ近似の係数がすべて一意的に定まる．

　正則でないときには係数が一意的に定まらず，P/Q が可約になって，次数の低い場合に還元されることがあります．

　パデ (H.Padé) はフランスの数学者で，この名は彼の学位論文 (1893) によります．但し同様の考えはずっと古くからあり，オイラーやコーシーも活用しています．パデの学位論文は無から「新概念」を発案したという種類ではなく，それまでの断片的な諸研究を総括して一般論にまとめ上げた「総合報告的」な型です．だからといって価値が低いとはいえないでしょう．近年では多変数のパデ近似もいろいろと研究されています．

2. 指数関数のパデ近似

　与えられたベキ級数 (あるいはそれが収束して表現する関数) が定義2 の意味で正則な場合，0 または正の整数の対 (n, m) に対して (n, m) 型パデ近似を作ることができ，それらの配列を**パデ表**とよびます．$m = 0$ ならベキ級数を n 次の項で打ちきったもの，$n = 0$ なら逆数のベキ級数を m 次の項で打ちきった式の逆数です．一般的に $n = m$ の場合が最もよい近似です．これは $\sum c_k x^k$ を連分数に展開し直したとき，その最初の n 段をとった部分的な分数に相当します (詳細は省略)．

　特に**指数関数** $e^x = \exp(x)$ のパデ近似は，実用上有用です．e^x は $e^{-x} = 1/e^x$ という等式を満足しますが，普通のベキ級数 $\displaystyle\sum_{k=0}^{\infty} x^k/k!$ ではこの性質が活かされません．x が負数で $|x|$ が大きいとき，直接にこのベキ級数に代入して計算すると，負の数値がでることさえあります．しかし有理関数近似によると，以下のようにこの性質が活かされて，ずっとよい近似になります (後述)．

196

第❷⓪話　パデ近似

初めのほうを少し具体的に計算してみます．まず $(1,1)$ 型，つまり分母分子をともに 1 次式 $(1+ax)/(1+bx)$ とすると，

$$(1+bx)\sum_{k=0}^{\infty}\frac{x^k}{k!}-(1+ax)$$

$$=0+(1-a+b)x+\left(\frac{1}{2}+b\right)x^2+\cdots$$

から $b=-1/2,\ a=1/2$ です．これは $e^x=e^{x/2}/e^{-x/2}$ として分母分子をそれぞれ近似した感じです．実は分母分子を同じ n 次としたとき，1 次の係数はつねに $\pm 1/2$ になります．

次に $n=2$ で $(1+x/2+cx^2)/(1-x/2+dx^2)$ とすると，2 次，3 次の項の条件

$$\frac{1}{2}-\frac{1}{2}+d=c\ \Rightarrow\ c=d,$$

$$\frac{1}{6}-\frac{1}{4}+d=0\ \Rightarrow\ d=\frac{1}{12}$$

から $\dfrac{1+x/2+x^2/12}{1-x/2+x^2/12}$ となります（x^4 の項からも同じ結果が重複）．$n=3$ のときは同様にして

$$\frac{1+x/2+x^2/10+x^3/120}{1-x/2+x^2/10-x^3/120}$$

を得ます．この計算は省略しますが，興味ある読者の演習にします．2 乗，3 乗の係数を未知数として，2〜6 次の項の条件から定まります．

e^x について一般の (n,m) 型パデ近似も既知（係数が二項係数などで表される）です．特に分母分子とも n 次の場合には，前記の例から類推されますが，次のような形になります．

$$\frac{P_n(x)}{P_n(-x)},\quad P_n(x)=\sum_{k=0}^{n}\frac{n!\,(2n-k)!}{(n-k)!\,k!\,(2n)!}\,x^k \tag{3}$$

但し $P_n(x)$ はここだけの記号で，ルジャンドルの多項式などとは無関係です．後述しますがこの証明を今話の課題とします．(3) の係数は二項係数を使えば

$$\binom{n}{k}\Big/\left[\binom{2n}{k}k!\right],\quad \binom{n}{k}={}_n\mathrm{C}_k=\frac{n!}{(n-k)!\,k!} \tag{4}$$

197

とも表されます．(4) は k をとめて $n \to \infty$ とすると $1/(2^k k!)$ に近づき，$P_n(x)$，$P_n(-x)$ は $e^{x/2}$，$e^{-x/2}$ のベキ級数に近づきます．これは $e^x = e^{x/2}/e^{-x/2}$ として分母分子をそれぞれ近似したような形といえます．(3) は本来のベキ級数を x^{2n} の項で打ちきった近似よりもずっと精度が高く，e^x の近似値を計算するのに有用です．

例えば $x = 1$ としたとき，$n = 1, 2, 3, \cdots$ に対する e の近似値 $e_n = P_n(1)/P_n(-1)$ は次のようになります．

$$e_1 = \frac{3}{1}, \ e_2 = \frac{19}{7}, \ e_3 = \frac{193}{71}, \ e_4 = \frac{2721}{1001}, \ e_5 = \frac{49171}{18089}, \ \cdots$$

ここで $e_n = p_n/q_n$ とおくと，次の漸化式が成立します $(n \geq 2)$．

$$\begin{aligned} p_{n+1} &= (4n+2)p_n + p_{n-1}, \\ q_{n+1} &= (4n+2)q_n + q_{n-1} \end{aligned} \tag{5}$$

π の近似値 22/7 は有名ですが，$19/7 \fallingdotseq 2.7142857\cdots$ が e の案外よい近似値です．かつて電卓利用で e のよい近似分数を探し，分母が 3 桁の整数の範囲では，本質的に $193/71 \fallingdotseq 2.7183098\cdots$ 以上のものが見つからないと報告した方がありました．それは正しい結果ですが，3 桁にこだわらず，もう一歩踏み出せば

$$2721/1001 \fallingdotseq 2.718281728\cdots$$

というはるかによい近似有理数があったので惜しい所でした．他方こういった「小さい分母で大変よい近似有理数列」があるということは，e が無理数(さらには超越数)であることの証明に直結します．

3. 一つの応用．π^2 の無理数性について

一つの応用として，(前著第 18 話で引用した)コーシーによる π^2 が無理数であることの証明の方針を略述します．

(3) の形から $e^x + 1$ の (n, n) 型パデ近似は分母が $P_n(-x)$，分子が x^2 の多項式 $R(x^2)$ になります．最高次の係数を 1 と (別の) 標準化をすれば，係数はすべて整数になります．この近似は x が複素数でも有効なので，$e^{i\pi} + 1 = 0$ により $x = i\pi$ を代入すると，分母は $e^{-i\pi/2} = -i$ に近

く，その値は上下に有界です．したがって分子に $x = i\pi$ を代入した π^2 の多項式 $R(-\pi^2)$ は 0 に近い（しかし真に 0 ではない）値になります．

もしも π^2 が有理数 r/s ならば，十分大きな n をとって s^n を掛けた分子 $s^n R(-r/s) = N$ は 0 でない整数になります．しかしパデ近似の誤差評価から N は十分に小さくなり，n を十分大にすると絶対値が 1 未満になります．これは $0 < |N| < 1$ である整数 N が存在するという矛盾になります．□

もちろん以上は証明の大方針にすぎません．これをきちんとした証明にするには，パデ近似の誤差を上からと下からと（$R(-\pi^2) \neq 0$ を確認するための）評価が必要です．それはかなり技巧的で長くかかりますのでこれ以上述べませんが，無理数性の証明の一つの実例です．もっとも標題の結果を示すには，直接に π を連分数展開したほうが早道のようです．第 16 話末尾の「校正の折に追加」記事を参照下さい．

ここでは指数関数しか述べませんでしたが，パデ近似およびその変形は多くの関数のよい近似に利用されます．例えば $\tan x = \sin x / \cos x$ に対しては，若干変形して

$$Q(x) \sum_{k=0}^{\infty} \frac{(-1)^k x^{2k+1}}{(2k+1)!} - P(x) \sum_{k=0}^{\infty} \frac{(-1)^k x^{2k}}{(2k)!}$$

を整理したベキ級数の最初の $(m+n+1)$ 項の係数が 0，というように $P(x), Q(x)$ の係数を定めることもあります．有理関数 $P(x)/Q(x)$ による近似は，もとの関数の極（分母が 0 になる点）の近傍を除いて，その先でも有効なので，単純な多項式近似よりも有用です．場合によっては収束の遅い級数の「加速」（第 16 話参照）にも活用されます．

4. 今話の設問

今話の問題は式 (3) の証明です．これには次の等式を証明することに帰着します．

第 3 部　解析学関係

━━━━━━━━━━━ 設 問 20 ━━━━━━━━━━━

n, m を正の整数と固定したとき

$$\sum_{k=0}^{m} \frac{(-1)^k n!(2n-k)!}{(n-k)!\,k!(2n)!(m-k)!} = \begin{cases} \dfrac{n!(2n-m)!}{(n-m)!m!(2n)!} & (1 \leqq m \leqq n) \\[2mm] 0 & (n < m \leqq 2n) \end{cases}$$

を証明せよ．但し $l = -1, -2, \cdots$ のとき $1/l! = 0$ と約束する．余裕があればさらに $m = 2n+1$ のときの，この級数の和を求めてほしい．それはパデ近似による誤差の主要項を表現する．

（解説・解答は 265 ページ）

第**㉑**話　　　　　# モローの不等式再論

1.　モローの不等式とは？

　モロー（Morreau）は 19 世紀中葉のフランスの数学者です．その不等式とは，e に近づく数列 $\left(1+\dfrac{1}{n}\right)^n$ の評価で

$$\frac{e}{2n+2} < e-\left(1+\frac{1}{n}\right)^n < \frac{e}{2n+1} \tag{1}$$

がもとの形です．同類として

$$\frac{e}{2n+1} < \left(1+\frac{1}{n}\right)^{n+1}-e < \frac{e}{2n} \tag{2}$$

も成立しますが，(2) は後述のように (1) に還元されます．これらは $\left(1+\dfrac{1}{n}\right)^n$ が下から，$\left(1+\dfrac{1}{n}\right)^{n+1}$ が上から e に近づくことを示すとともに，その近似が案外よくない（$1/n$ 程度の誤差を含む）ことをも意味しています．

　その証明は後述します（3 節，なお解答編の末尾の追加参照）．もう少し悪い評価の一般化は，$a>0$ のとき

$$0 < e^a - \left(1+\frac{a}{n}\right)^n < \frac{e^a a^2}{2n} \tag{3}$$

です．これは下記のように高校数学Ⅲの範囲で証明できます（次節参照）．これについて自宅を整理中に 2008 年 10 月の日付のメモがみつかりました．(3) で $a=1$ とすれば (1) の右辺を $e/2n$ とした評価が成立します．また一般に $a>0$ を固定して $n\to\infty$ とすれば，$\left(1+\dfrac{a}{n}\right)^n \to e^a$ が直接にわかります．

　もちろん e を $\left(1+\dfrac{1}{n}\right)^n$ の極限値として定義し，それから指数関数の微分積分学を展開した後でそれを使って (3) を示すのは，いささか循環

第3部　解析学関係

論法に近いという批判もあるでしょう（誤差の定量的評価としてはともか
く）．しかし指数関数を微分方程式 $y' = y$ の初期条件 $y(0) = 1$ を満た
す解として，あるいは $1/x$ の原始関数（対数関数）の逆関数として導入す
るなら，(3) によって $\left(1 + \dfrac{a}{n}\right)^n \longrightarrow e^a$ を直接に示すことは十分に意味があ
ります．そういう意味で「19世紀の数学」の演習問題ですが，敢えて取
り上げました．

　この話は，前著第17話とかなり重複しますが，その関連話題と理解
して下さい．

2. 不等式（3）の証明

　　$x\,(>0)$ の関数として e^x と $\left(1 + \dfrac{x}{n}\right)^n$ とのたたみこみ積（convolution）

$$\int_0^a e^{a-x} \left(1 + \frac{x}{n}\right)^n dx \tag{4}$$

を考える．e^{a-x} を積分する部分積分法により

$$(4) = -e^{a-x}\left(1 + \frac{x}{n}\right)^n \Big|_0^a + \int_0^a e^{a-x}\left(1 + \frac{x}{n}\right)^{n-1}\frac{n}{n}dx$$

$$= \left[e^a - \left(1 + \frac{a}{n}\right)^n\right] + \int_0^a e^{a-x}\left(1 + \frac{x}{n}\right)^{n-1}dx \tag{5}$$

である．$1 + \dfrac{x}{n} > 1$ で $\left(1 + \dfrac{x}{n}\right)^n > \left(1 + \dfrac{x}{n}\right)^{n-1}$ から，(4) と (5) を比べると

$$e^a - \left(1 + \frac{a}{n}\right)^n > 0 \quad (a > 0) \tag{6}$$

がわかる．これは (3) の左側の不等式である．さらに (6) の左辺を (4) と
(5) の差として表すと

$$e^a - \left(1 + \frac{a}{n}\right)^n = \int_0^a e^{a-x}\left(1 + \frac{x}{n}\right)^{n-1}\left[1 + \frac{x}{n} - 1\right]dx$$

$$= \frac{e^a}{n}\int_0^a e^{-x}\left(1 + \frac{x}{n}\right)^{n-1}x\,dx \tag{7}$$

である．他方 (6) から

第**㉑**話 モローの不等式再論

$$e^{-x}\left(1+\frac{x}{n}\right)^{n-1}-1 = e^{-x}\left[\left(1+\frac{x}{n}\right)^{n-1}-e^x\right] < e^{-x}\left[\left(1+\frac{x}{n}\right)^{n}-e^x\right] < 0$$

が成立し，$e^{-x}\left(1+\dfrac{x}{n}\right)^{n-1}<1$ だから

$$(7)の右辺 < \frac{e^a}{n}\int_0^a x\,dx = \frac{e^a a^2}{2n}$$

を得る．これは不等式(3)の右側に他ならない．□

同様に $\left(1+\dfrac{x}{n}\right)^{n+1}$ について計算すると，$0<a\leqq 1$ のとき

$$0 < \left(1+\frac{a}{n}\right)^{n+1}-e^a = \frac{e^a}{n}\int_0^a e^{-a}\left(1+\frac{x}{n}\right)^{n}(1-x)dx$$

$$< \frac{e^a}{n}\int_0^a (1-x)dx = \frac{e^a(2a-a^2)}{2n} \tag{8}$$

を得ます．ここで $a=1$ とすれば(2)の右側の不等式

$$0 < \left(1+\frac{1}{n}\right)^{n+1}-e < \frac{e}{2n}$$

を得ます．但し(8)はもともと $0<a\leqq 1$ として証明された不等式であり，a が1以上で大きいと，右辺が負になり，不等式自体が成立しないのに注意します．

3. モローの不等式の証明

冒頭に記したモローの不等式(1), (2)は，e で割って移項整理すれば，それぞれ次の不等式と同値である．

$$\frac{2n}{2n+1} < \frac{1}{e}\left(1+\frac{1}{n}\right)^{n} < \frac{2n+1}{2n+2} \tag{1'}$$

$$\frac{2n+2}{2n+1} < \frac{1}{e}\left(1+\frac{1}{n}\right)^{n+1} < \frac{2n+1}{2n} \tag{2'}$$

ここで(1')を証明すれば，それに $1+\dfrac{1}{n} = \dfrac{n+1}{n}$ を掛けると(2')になるので，(1')の証明に専念してよい．$1/n=x$ と置き，連続変数にすると，(1')は $0<x$ のとき，log を自然対数として

第3部　解析学関係

$$\log\frac{2}{2+x} < \frac{1}{x}\log(1+x) - 1 < \log\frac{2+x}{2(1+x)} \tag{9}$$

となる．(9)の各項を順次 f_1, f_2, f_3 とおくと

$$f_1(0) = f_2(0) = f_3(0) = 0$$

である．このうち f_2 は $x=0$ とすると形式上 $0/0$ になるが，最初の項を $x \to +0$ とした極限値は 1 に等しく，全体の極限値は 0 である．したがって $x>0$ で

$$f_1'(x) < f_2'(x) < f_3'(x) \tag{10}$$

を示せば(9)が出る．直接に計算すると(10)は

$$-\frac{1}{2+x} < \frac{1}{x(1+x)} - \frac{\log(1+x)}{x^2} < \frac{1}{2+x} - \frac{1}{1+x} \tag{10'}$$

だが，$x^2 > 0$ を乗じて整理すると $0 < x \leqq 1$ で

$$\frac{x^2}{2+x} + \frac{x}{1+x} > \log(1+x) > x - \frac{x^2}{2+x} \tag{10''}$$

を示せばよい．(10'')の各項を順次 g_1, g_2, g_3 とおくと

$$g_1(0) = g_2(0) = g_3(0) = 0$$

だから，(10)を示すには，$g_1'(x) > g_2'(x) > g_3'(x)$ を証明すればよい．それは直接に計算すると

$$1 - \frac{4}{(2+x)^2} + \frac{1}{(1+x)^2} > \frac{1}{1+x} > \frac{4}{(2+x)^2} \tag{11}$$

である．ここで項の差をとって計算すると

$$g_1'(x) - g_2'(x) = \frac{x(4+x)}{(2+x)^2} - \frac{x}{(1+x)^2}$$

$$= \frac{x^2(5+5x+x^2)}{(2+x)^2(1+x)^2} > 0,$$

$$g_2'(x) - g_3'(x) = \frac{1}{1+x} - \frac{4}{(2+x)^2}$$

$$= \frac{x^2}{(1+x)(2+x)^2} > 0$$

となって(11)が成立する．さかのぼって(10)，(9)したがって(1')が証明できた．ここで $x \leqq 1$ つまり $n \geqq 1$ としたが，(1)の証明にはそれで十分である．□

第**㉑**話　モローの不等式再論

　もちろんモローの不等式は他にもテイラー展開などによって多くの別証が可能です．上記の証明は前著第 17 話の解答に記した証明とほぼ同じです．うっかりして重複した内容になったことをお詫びします．解答編に，テイラー展開による別証明を示しました．

4.　その精密化

　(1) の各項の符号を変え (不等号は逆向きになる)．(2) と平均すると，相加平均についての不等式

$$0 < \frac{1}{2}\left[\left(1+\frac{1}{n}\right)^{n}+\left(1+\frac{1}{n}\right)^{n+1}\right] - e < \frac{e}{2n(n+1)} \tag{12}$$

を得ます．左側は正としかわかりませんが，右側は n^{-2} のオーダーで，(1), (2) 自体よりずっとよくなります．相乗平均は相加平均より小さいので，(12) から直ちに

$$\left(1+\frac{1}{n}\right)^{n+\frac{1}{2}} - e < \frac{e}{2n(n+1)} \tag{13}$$

ですが，左側はどうでしょうか？　結果はやはり (13) の左辺 >0 です．それを示すには $1/n = x$ とおき，自然対数をとって

$$\left(\frac{1}{x}+\frac{1}{2}\right)\log(1+x) > 1 \tag{13'}$$

を示すのが早いでしょう．これは前節と同様に微分法でも証明できますが，テイラー展開を使えば，(13') の左辺は

$$1+\frac{x^2}{12}-\frac{x^3}{12}+\frac{3x^4}{40}-\frac{x^5}{15}+\cdots$$

$$=1+\sum_{k=1}^{\infty}\frac{x^{2k}}{2}\left[\frac{2k-1}{k(2k+1)}-\frac{2kx}{(2k+1)(2k+2)}\right] \tag{14}$$

の形に展開されます．(14) の右辺の係数の差は

$$\frac{1}{2k+1}\left[2-\frac{1}{k}-\left(1-\frac{1}{k+1}\right)\right]=\frac{1}{2k+1}\left(1-\frac{1}{k(k+1)}\right)>0$$

であり，$0<x<1$ なら右辺の和の各項は正で，(14) >1 すなわち (13') が証明できました．□

第 3 部　解析学関係

$\left(1+\dfrac{1}{n}\right)^{n+\frac{1}{2}}$ が n について減少し，e に上から収束することの証明は，
かなりの難問です．かつて数学検定 1 級に出題されたが，成績が悪かっ
た問題の一つです．苦しまぎれの工夫でしょうが，正しくない「証明」の
記述は，不等式に関するよくある「誤りの展覧会」のようだったと伝えら
れています．

　なおモローの不等式を知っていると容易に証明できるような関連した
不等式も，いくつか数学検定に出題されたことがあります．

5.　数値例

　『現代数学』2014 年 9 月号に飯高茂氏が関連の詳しい計算をしておら
れます．ここでは電卓で計算した一例を示します．不等式 (1), (2) が成
立しているのに注意します．

式	$n = 100$（　）内は誤差	$n = 1000$
$\left(1+\dfrac{1}{n}\right)^{n}$	2.7048139 (-1.35×10^{-2})	2.7169239 (-1.36×10^{-3})
$\left(1+\dfrac{1}{n}\right)^{n+1}$	2.7318081 (1.35×10^{-2})	2.7196409 (1.36×10^{-3})
相加平均	2.7183410 (6.0×10^{-5})	2.7182824 (5.6×10^{-7})
相乗平均	2.7183042 (2.2×10^{-5})	2.7182821 (2.3×10^{-7})

6.　今話の問題

　相乗平均 $\left(1+\dfrac{1}{n}\right)^{n+\frac{1}{2}}$ が e の大変によい近似であることが見てとれま
す．また誤差が不等式 (1), (2) の下限に近いことなどもわかります．し
かし敢えて下記の設問を提出します．

206

第**㉑**話　モローの不等式再論

参考文献

一松 信，e に近づく数列，大学への数学，2015 年 7 月号，p.64-p.67.

飯高 茂，数学の研究をはじめよう；指数と指数，対数関数の導入，面積関数の力，現代数学，2014 年 9 月号，p16-23

━━━━━━━━━━━ **設問 21** ━━━━━━━━━━━

　上述の不等式は正しいが，数値例でもわかる通り相乗平均の評価(13)はなおかなり過大である．これを改良してもっと良い評価を示してほしい．なおモローの不等式自体の別証明も歓迎する．

（解説・解答は 267 ページ）

設問の解答・解説

設問1

3乗和の公式の図形的証明が課題でした.

図的ではありませんが, 最も簡単なのは三角数 T_n に関する次の性質 (本文参照, 後者は定義) を利用し, 式

$$T_k + T_{k-1} = k^2, \quad T_k - T_{k-1} = k \tag{1}$$

を掛けた $k^3 = T_k^2 - T_{k-1}^2$ を活用する方法でしょう. $T_0 = 0$ であり, これを $k = 1, 2, \cdots, n$ について求めて加えれば, $1^3 + 2^3 + \cdots + n^3 = T_n^2 = n^2(n+1)^2/4$ を得ます. この簡単な証明が教科書に余りないのが, むしろ不思議です.

図的な証明として, S氏のアイディアに基づく以下の方法を紹介します. それは2乗和に対し, 正三角形状の配列 (k が k 個ずつ) を3枚回転させて重ねて計算するのと同じ考え方です.

一辺 n の正四面体数 (合計 $D_n = n(n+1)(n+2)/6$ 個) に点を配置し, 一頂点から順次対面に平行な面上の点に $1, 2, \cdots, n$ を与えると, 全体の和は $\displaystyle\sum_{k=1}^{n} kT_k$ です. この正四面体を回転させ, 順次各頂点に1がくるような4通りの配置を作ると, 各点に与えられた値の和はすべて共通な量 $(3n+1)$ になり,

$$\sum_{k=1}^{n} kT_k = \frac{1}{4}(3n+1)D_n$$
$$= \frac{1}{24}n(n+1)(n+2)(3n+1) \tag{2}$$

です. (1)により $k^2 = T_k + T_{k-1}$ なので

$$\sum_{k=1}^{n} k^3 = \sum_{k=1}^{n} k(T_k + T_{k-1}) = (2) + \sum_{k=1}^{n} kT_{k-1} \tag{3}$$

ですが, (3)の右辺第2項は ($T_0 = 0$ に注意)

$$\sum_{j=1}^{n-1} (j+1)T_j = \sum_{j=1}^{n-1} jT_j + \sum_{j=1}^{n-1} T_j$$
$$= (2) で (n-1) とした値 + D_{n-1}$$
$$= D_{n-1}\left[1 + \frac{1}{4}(3n-2)\right]$$

210

$$= \frac{1}{24}(n-1)n(n+1)(3n+2) \tag{4}$$

となります．結局所要の和は次のとおりです．

$$(2)+(4) = \frac{1}{24}n(n+1)[(n+2)(3n+1)+(n-1)(3n+2)]$$

$$= \frac{1}{24}n(n+1)(6n^2+6n) = \frac{1}{4}n^2(n+1)^2. \qquad \square$$

　古典的な式による計算は論外として，本文で述べた正方形の配列の変形などいくつかの工夫がありました．なお，次の文献を御注意頂きました：

　　清水理絵，$\displaystyle\sum_{k=1}^{n}k^3$ の幾何的側面から見た計算法，数学セミナー，

　　2011 年 10 月号 Note 欄(p.70-71)．

　もっと図的な証明として，一辺 k の立方体ブロックを順次積み上げる考えがありました．これについて K 氏の説明は粗略ですが，(T▽T) SU 氏は巧妙に立方体を積み上げ，それらを一辺 T_n の正方形状に並べ替える，あるいは変形して直方体にまとめ換えるなど，4 通りの証明を工夫しました．それらを紹介する余裕がなくて申し訳ありませんが，興味深く拝見致しました．

　所でいささか技巧的ですが，後になって以下のような考えに気づいたので追加します．便宜上 1 乗の和(三角数)，2 乗の和，3 乗の和をそれぞれ T_n, S_n, C_n と表します．

　まず底面に T_n 個の n (と書いた球)を正三角形状に並べます．そのすぐ上に T_{n-1} 個の $(n-1)$ を正三角形状に積み，順次各層の上に T_k 個の k を並べ，最後に頂上に $T_1 = 1$ 個の 1 を積んだ配列を考えます．これらの数の和は

$$1 \times T_1 + 2 \times T_2 + \cdots + n \times T_n = \sum_{k=1}^{n}\frac{1}{2}k^2(k+1)$$

$$= \frac{1}{2}(C_n + S_n) \tag{5}$$

です．次のこの和を別の方法で求めます．全体として正四面体状なので，それを横に寝かせて，一対の相対する辺が水平になるようにします．それを順次上から水平面で切って，面の上の数の和を考えます（本文の図4参照）．

最上を $1, 2, \cdots, n$ の辺とすると和は T_n です．次の面は 2 から n までの整数が 2 列並ぶので，和は $2(T_n - T_1)$ と表されます．以下同様に k 番目の面での切り口では，k から n までの整数が k 列並ぶので，それ全体の和は

$$k(T_n - T_{k-1}) \tag{6}$$

です．したがって正四面体全体にわたる和は，(6)を $k=1$ から n まで加えた値に等しくなります．その結果は

$$T_n \sum_{k=1}^{n} k - \sum_{k=1}^{n} k T_{k-1} = T_n \cdot T_n - \sum_{k=1}^{n} \frac{1}{2} k^2 (k-1)$$

$$= T_n^2 + \frac{1}{2}(S_n - C_n) \tag{7}$$

です．(7)を(5)に等しいとおくと，$S_n/2$ の項は互いに打ち消し合い，所要の結果である $C_n = T_n^2$ を得ます．□

偶然（？）S_n の項が打ち消し合うので，S_n の公式を知らなくても C_n の公式が出る点に興味がありました．

▶付記　2乗の和の公式(3)

いささか蛇足ですが，2乗の和の公式を図形的に証明するには次ページの図1の配列を活用するのが有用と思います．これは本文末の文献[3]にも説明しましたが，そこで論じたのとは少し別の考え方もあるので，追加します．

1	1	1	1	·	·	·	1
1	2	2	2	·	·	·	2
1	2	3	3	·	·	·	3
1	2	3	4	·	·	·	·
·	·	·	·				·
·	·	·	·				·
·	·	·	·			$n-1$	$n-1$
1	2	3	·	·	·	$n-1$	n

図1　2乗和のための配列

命題1　この配列の数の和は $S_n = 1^2+2^2+\cdots+n^2$ である．

証明1　左上隅が1，次のL型の数の和が $1+2+1=2^2$，以下順次のL型の数の和が

$$1+2+\cdots+k+(k-1)+\cdots+2+1=k^2$$

である．したがって全体の和は S_n である．

証明2　右上隅が1，以下順に左上から右下へ対角線に平行に足すと2つ目は $1+2=T_2$，以下順次 T_k で，中央が最大の T_n，左下側が順次 $T_{n-1},\cdots,T_1\ (=1)$ である．それ全体の和は $T_n+T_{n-1}=n^2$ に注意し，中央から2列ずつ加えれば $n^2+(n-1)^2+\cdots+k^2+\cdots$ となり，最後は $T_1=1^2$ で終るから，全体として和は S_n に等しい．□

次にこの配列に適当な数列を加えて，既知の量を作るように工夫します．

命題2　図1の全体に2個の1，4個の $2,\cdots,2k$ 個の $k,\cdots,2n$ 個の n を補えば，S_n の公式を得る．

証明　追加した数の合計は

$$2 \times 1 + 4 \times 2 + \cdots + 2k \times k + \cdots + 2n \times n = 2S_n$$

である．もとの図にこれらを加えると，全体として $1, 2, \cdots, n$ がすべて $(2n+1)$ 個ずつ揃うので，その総和は

$$(2n+1)(1+2+\cdots+n) = (2n+1)T_n$$

である．これが $S_n + 2S_n = 3S_n$ に等しいから

$$3S_n = n(n+1)(2n+1)/2 \tag{8}$$

を得る．3 で割れば S_n の公式(本文の式(7))を得る．□

命題3 図の全体に 1 個の 1，3 個の 2，$\cdots$，$(2k-1)$ 個の k,，$(2n-1)$ 個の n を補えば，S_n の公式を得る．

証明 追加した数を右下から順に補ってます目ごとに加えると，すべてのます目の値が $(n+1)$ になり，全体の和は $n^2(n+1)$ となる．

ここで補った数の和は

$$1 \times 1 + 3 \times 2 + \cdots + (2k-1) \times k + \cdots + (2n-1) \times n = 2S_n - T_n$$

である．もとの配列の和 S_n と加えると

$$3S_n - T_n = (n+1)n^2 \implies 3S_n = n(n+1)(n+1/2)$$

となって，(8)と同じ公式を得る．□

命題4 もとの配列の和は $(2n+1)T_n - 2S_n$ に等しい．

証明 もとの図の配列の総和は

$$1 \times (2n-1) + 2 \times (2n-3) + \cdots + k \times (2n-2k+1) + \cdots + n \times 1$$
$$= (2n+1) \times (1+2+\cdots+n) - 2 \times (1^2 + 2^2 + \cdots + n^2)$$
$$= (2n+1)T_n - 2S_n$$

これが S_n に等しいこと（命題1）から，改めて上記の式(8)を得る．□

以上同じような証明のくりかえしですが，一つの図から色々な証明法が考えられるので，少しくどいが追加解説をした次第です．他にもいろいろの工夫が可能です．

編集中に加筆

関連文献は多数ありますが，四面体数はじめいくつかの数列の和について興味深い下記の論文を追加します．

内藤康正：立方体 ＋ 直方体 ＝ 星形八面体，数研通信・数学，no.90(2017), pp14–17.

───────── 設問2 ─────────

2乗数が3項ずつ部分的な等差数列をなす次の2個の数列

$$-1 \quad 29 \quad 41 \quad 89 \quad 119 \quad 185 \quad 233 \quad 317 \quad 383 \quad \cdots \tag{14}$$

$$1 \quad 29 \quad 41 \quad 85 \quad 113 \quad 173 \quad 217 \quad 293 \quad 353 \quad \cdots \tag{15}$$

(順次 $a_1, b_1, a_2, b_2, \cdots$ とおく)の「正体」が課題でした．

以下式番号は本文の通りです．

本文の記述どおり $b_k = m_k^2 + n_k^2,\ a_{k+1}(= c_k) = m_k^2 - n_k^2 + 2m_k n_k$ と分解して比較すれば，直ちに次の結果がわかります．

(14)は(I)型： $a_k = 2m_k n_k - (m_k^2 - n_k^2)$ です．本文の記号で $\alpha = \gamma = 3,\ \delta = -1,\ \beta = \alpha + \delta = 2$. すなわち

$$m_k = 3(k+1) - 1 = 3k + 2, \quad n_k = 3k - 1,$$

$$a_k = 18k^2 - 12k - 7 = 6(3k+1)(k-1) - 1$$

$$b_k = 18k^2 + 6k + 5,$$

$$b_k^2 - a_k^2 = a_{k+1}^2 - b_k^2$$

$$= 12(3k+2)(3k-1)(6k+1)$$

$$= 3(6k-2)(6k+1)(6k+4) \quad （公差）$$

となります．

他方(15)は(II)型： $a_k = m_k^2 - n_k^2 - 2m_k n_k$ です．本文の記号で

$$\gamma = 0,\ \delta = 2,\ \beta = 1,\ \alpha = 2\delta = 4\,;$$
$$m_k = 4k+1,\ n_k = 2\ (\text{定数}),$$
$$a_k = 16k^2 - 8k - 7 = (4k-1)^2 - 8,$$
$$b_k = 16k^2 + 8k + 5,$$
$$b_k^2 - a_k^2 = a_{k+1}^2 - b_k^2$$
$$= 8(4k-1)(4k+1)(4k+3)\ \ (\text{公差})$$

です．最初のほうは似ていますが，実は両者は「まったく別の」数列です．初めの方だけを見て早合点をするな，という一例でしょう．単なる計算演習ですが，いろいろともってまわった（それなりに興味深い）考察がありました．答えだけを述べた方もありましたが，やはり解答の経過も記述してほしいと思います．

▶付記

本文の式番号で，数列 (1), (14) は（Ⅰ）型の，(12), (15) は（Ⅱ）型の，それぞれ最も簡単な典型例です．この場合に限らず，本話ではすべて a_k, b_k が k の 2 次式で表される場合を扱ったので，$b_k - a_k$ と $a_{k+1} - b_k$ とは，ともに公差が等しい（全般的な）等差数列になります．公差の具体的な値は，式番号 (1), (14), (12), (15) の順に，それぞれ 2, 16, 4, 18 です．最初の項 a_1 が $+1$ か -1 かに注意し，冒頭の b_1, a_1 を求めれば，この事実からそれぞれの数列 a_k, b_k が再構成できます．それは単に等差数列の和の計算ですが，演習の意味で検算してみるのもよいかもしれません．

念のためにまとめの形で，上に挙げた代表例 4 個；本文の式 (1), (12), (14), (15) について，その構成に活用したピタゴラス三角形の列を，次ページの表にして示しました．重複しますが参考の意味です．

本文の式番号	m_k	n_k	構成に活用したピタゴラス三角形		
			$u_k = m_k^2 - n_k^2$	$v_k = 2m_k n_k$	$b_k = m_k^2 + n_k^2$
(1)	$k+1$	k	$2k+1$	$2(k^2+k)$	$2k^2+2k+1 = u_k+1$
(12)	$2k$	1	$4k^2-1$	$4k$	$4k^2+1 = u_k+2$
(14)	$3k+2$	$3k-1$	$3(6k+1)$	$2(9k^2+3k-2)$	$18k^2+6k+5 = v_k+9$
(15)	$4k+1$	2	$16k^2+8k-3$	$4(4k+1)$	$16k^2+8k+5 = u_k+8$

表の解説：本文で挙げた代表的な4個の列の構成に活用したピタゴラス三角形の列をまとめました．m_k, n_k がその生成要素で，それから作られるピタゴラス三角形の斜辺が b_k を与えます．直角を挟む2辺を u_k, v_k とすると，$c_k = a_{k+1} = u_k + v_k, a_k = |u_k - v_k|$，但し (12) の $a_1 = u_1 - v_1$, (14) の $a_1 = v_1 - u_1$ です．（I）型は $m_k - n_k$ が，（II）型は n_k が定数であることに注意します．またこのとき部分等差数列 a_k^2, b_k^2, a_{k+1}^2 の公差はすべて $4m_k n_k (m_k^2 - n_k^2)$ と表されます．

これらは典型例であり，他にも適当な (m_k, n_k) の列から，同様の平方数の列が無限組構成できます．

◗◗◗◗◗◗◗◗◗◗◗◗◗ 設 問 3 ◗◗◗◗◗◗◗◗◗◗◗◗◗

4次の「数独魔方陣」を作る課題です．

答の一例は次の図です．

1	12	14	7
15	6	4	9
8	13	11	2
10	3	5	16

図1　ミニ数独魔方陣

ラテン方陣を重ねる手法で，図1のような方陣ができます．こうする

と以下の 4 数の和を同一の値 34 になります.

1° 縦横の並び（当然）

2° 中央で 4 ブロックに分けたときの各ブロック内の 4 個の数.

——以上が要請だがさらに次の和も同一:

3° 中央の 4 数および四隅の 4 数の和

4° 両方の対角線に沿う 4 数の和

5° 中央で切って左右を入れ換えたときの 3° と 4°,すなわち左右の端の列の中央 2 個ずつ,上下の端の列の中央 2 個ずつ;左上と右下,右上と左下の各ブロックの同じ向きの対角線に沿う 4 数の和.

実は 3°, 4°, 5° は当初予期しませんでした. もちろんこれはほんの一例で,他にもいろいろと可能です.H 氏はコンピュータで合計 432 通りの解を求めて送って下さいました. その中にはよく調べれば, さらに色々と面白い性質をもつものがありそうです.

R 氏は 9×9 の「数独魔方陣」（図 2）を構成しました. ラテン方陣からの作成手順の記述もありましたが,結果のみを記します（数値は十進数で表現）.縦,横,ブロックの 9 個の数の和がすべて 369 になります.

1	56	30	23	78	49	18	70	44
13	68	42	8	63	34	21	73	47
25	80	54	11	66	37	6	58	32
33	4	59	52	26	81	38	12	64
45	16	71	28	2	57	50	24	76
48	19	74	40	14	69	35	9	61
62	36	7	75	48	20	67	41	15
65	39	10	60	31	5	79	53	27
77	51	22	72	43	17	55	29	3

図 2 数独魔方陣

K 氏もこれとは別の 9 位数独的魔方陣を作成されました．T 氏は，内田伏一『魔方陣にみる数のしくみ』(日本評論社) の p.19 のコピー (16 種のミニ数独的魔方陣の記述) を送って下さいました．

　他にもいろいろ面白い方陣が寄せられました．本文の 7 位の例にも，さらにいろいろと 7 組の数の和が同一 (175) になり並びがあることの指摘もありました．興味は尽きませんが，以上をもって今話の解答とします．

━━━━━━━━━━●　設 問 4　●━━━━━━━━━━

　正八面体の変りサイコロ；3 個一組にして振ったとき，目の和 3～24 の出る確率が，正規の八面体サイコロ 3 個の場合と同じになる組を求める問題でした．

　正規の八面体サイコロ (目が 1～8) の母関数は

$$x(1+x)(1+x^2)(1+x^4) = x \cdot ABC \text{ (とおく)}$$

と因数分解されます．所要のサイコロの組はこの 3 乗を次の規則で 3 個の多項式因子に分けた形で表されます．

　1° どの組も x を含む (目の数が正の整数のため)

　2° どの組も $x=1$ のとき値が 8 になる (八面体)．つまり A, B, C の 3 個の積である．

　3° $xABC$ (正規のサイコロ) は許さない．

　そのため各組は $x \times (A^3B^3C^3$ のうちの 3 項ずつ) の形になります．可能な組合せを表 1 に示します．共通項 x は略しました．並べた数字はそのサイコロの目です．末尾の ABC (正規のもの) は参考までに記しました．

設問 4

表 1　可能な組合せと実際の目

AAA	1	2	2	2	3	3	3	4
BBB	1	3	3	3	5	5	5	7
CCC	1	5	5	5	9	9	9	13
AAB	1	2	2	3	3	4	4	5
CCB	1	3	5	5	7	7	9	11
BBA	1	2	3	3	4	4	5	6
CCA	1	2	5	5	6	6	9	10
AAC	1	2	2	3	5	6	6	7
BBC	1	3	3	5	5	7	7	9
ABC	1	2	3	4	5	6	7	8

　2個の組合せで和の確率が正規のサイコロ2個と等しくなるのは，表1中で右側を結んだ対の3組です．正規のサイコロを加えず，変りサイコロだけの3個の組で，和の確率が正規のサイコロ3個と等しくなるものは，積が（x を除いて）$A^3 B^3 C^3$ となる組で，以下の6通りがあります．

$$AAA\text{--}BBB\text{--}CCC, \quad AAA\text{--}BBC\text{--}CCB,$$
$$BBB\text{--}AAC\text{--}CCA, \quad CCC\text{--}AAB\text{--}ABB,$$
$$AAB\text{--}BBC\text{--}CCA, \quad AAC\text{--}BBA\text{--}CCB.$$

　実際にこれら3個を同時に振ったとき目の和の出る場合の数が表2の通りになることを確かめると，よい演習かもしれません．

表 2　目の和 n の出る場合の数

目の和 n	3	4	5	6	7	8	9	10	11	12	13
	24	23	22	21	20	19	18	17	16	15	14
場合の数	1	3	6	10	15	21	28	36	42	46	48

（三角数）

　表2で $11 \leqq n \leqq 16$（実は $9 \leqq n \leqq 18$ で正しい）の値は2次式 $-n^2 + 27n - 134$ で表されます．

　ほとんどの方はきちんとうまく求めていましたが，一部に6組全部を求め損なった（一部分を見落とした）方がありました．また8組求めた方がありましたが，その中には正規のサイコロが混入していました．

220

設問 5

ワイトホフのニム（ルールは下記）の必勝法に関する問題です．

2個の山の石の数を (m,n) とし，これを**局面**とよびます．許される手は次の3種のいずれかです．

$$(m,n) \to (m',n) \quad (0 \leq m' < m);$$
$$(m,n) \to (m,n') \quad (0 \leq n' < n);$$
$$(m,n) \to (m-l, n-l) \quad (0 < l \leq \min(m,n))$$

(1)

局面を平面上の格子点で表すと（図1），次の局面は真下か真左か $45°$ 左下かの格子点のいずれかです（チェス盤上のクィーンによる表現）．この種の有限完全情報ゲームでは，一般的に良形（必勝形）の集合 $\mathcal{P}$ と非良形の集合 $\mathcal{N}$ を，次のように再帰的に定義することができます：

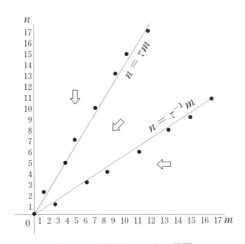

図1　ワイトホフのニムの局面

(i) 最終局面 O（この場合には $(0,0)$）$\in \mathcal{P}$,

(ii) 各 $S \in \mathcal{N}$ に対し，S の次の局面中に $T \in \mathcal{P}$ である局面が存在する．

(iii) 各 $S \in \mathcal{P}$ に対し，次の局面 T がすべて $\in \mathcal{N}$ である．

設問 5

　原理的には O から始めて各局面が $\mathcal{P}$ か $\mathcal{N}$ かが判定可能であり，つねに $\mathcal{P}$ に属する局面（良形）を作れば必勝です．その意味で「抽象的な必勝法」は必ず存在しますが，この定義だけで $\mathcal{P}, \mathcal{N}$ を定めるのは「困難な」課題です．直接に各局面が判定できる算法があるとき，「具体的な必勝法」が既知の（易しい）ゲームです．

　ワイトホフのニムでは幸いそのような判定法があります．$\tau = (\sqrt{5}+1)/2$ として下記のものと，両成分を交換した対（$\lfloor \ \rfloor$ は切り捨てた整数部分）

$$(\lfloor \tau k \rfloor, \lfloor \tau^2 k \rfloor) \quad k = 0, 1, 2, \cdots \tag{2}$$

を $\mathcal{P}$ とし，他を $\mathcal{N}$ とすればよいので，その位置を図1に • で示しました．本文中に述べた通り，τ と τ^2 とは共役な基数の対であり，(2) の前者の集合 A と後者の集合 B は $\mathbb{N}^+$ の分割になります．図1で $\mathcal{P}$ に属する点は各横線 $n = c$（定数），縦線 $m = c$ と，斜め線 $m - n = c$ 上にそれぞれ 1 個ずつ存在します．$\mathcal{P}$ の補集合を $\mathcal{N}$ として前述の性質を示します．

　（ i ）は明らかです．（ ii ）は大ざっぱにいえば直線 $n = \tau^{-1} m$ より右にあれば左に，$n = \tau m$ より上にあれば下に，両者の中間なら斜め左下に動く（両方の山から同数の石をとる）ことで $\mathcal{P}$ の点に達します．図中に矢印で示しました．もう少し詳しくいうと次の手順で $\mathcal{P}$ の点に達します．

　必要なら m, n を交換して $m > n$ としてよい（$m = n$ なら全部とって終り）．$l = m - n > 0$ とおく．

(a)　$\lfloor l\tau \rfloor < n$ なら

$$\lfloor l\tau^2 \rfloor = \lfloor l\tau \rfloor + l < n + l = m,$$
$$n - \lfloor l\tau \rfloor = m - \lfloor l\tau^2 \rfloor > 0$$

だから両山から $n - \lfloor l\tau \rfloor$ 個ずつをとって $(\lfloor l\tau \rfloor, \lfloor l\tau^2 \rfloor) \in \mathcal{P}$ に移せる．

(b)　$\lfloor l\tau \rfloor = n$ なら $\lfloor l\tau^2 \rfloor = \lfloor l\tau \rfloor + l = n + l = m$ となるが，これは $(m, n) \in \mathcal{N}$ に反する（つまりあり得ない）．

(c)　$\lfloor l\tau \rfloor > n$ のときは，もしも $n \in A$ なら

222

$$n = \lfloor k\tau \rfloor \quad (k < l),$$
$$\lfloor k\tau^2 \rfloor = \lfloor k\tau \rfloor + k = n + k < n + l = m$$

だから m を $\lfloor k\tau^2 \rfloor$ に減らせばよい．$n \in B$ なら $n = \lfloor k\tau^2 \rfloor$ で $\lfloor k\tau \rfloor < n < m$ だから m を $\lfloor k\tau \rfloor$ に減らせばよい．

(iii) は $(m, n) \in \mathcal{P}$ ならその定義から，(m, n) の次の局面として許される局面中に $\mathcal{P}$ の点が存在しないので，この性質が成立する．□

結局 (ii) で述べた手順が必勝法を与えます．もちろん同一の局面でそれを $\mathcal{P}$ に移す手順が複数個ある場合もあり，そのときには結果的にはそのどれを選んでも必勝です．

何人かの御指摘どおり，この内容は拙著『石取りゲームの数理』(森北出版，1969，再版 2003) にありますが，少し表現を変えました．他にも例えば中村滋，『フィボナッチ数の小宇宙』，第 12 章などにも同じ内容があります．その他本質的に同じ内容を解説した文献もいくつかあります．その意味では周知の事実かもしれません．

╺━━━━━━━━━━━━━━━━╸ 設 問 6 ╺━━━━━━━━━━━━━━━━╸

$(a+b+c+d)^2 = a^2+b^2+c^2+d^2$ (本文式 (1)) をみたす整数の組は $(a+b+c)(a+b+d) = a^2+ab+b^2$ (本文式 (3)) を満足するが，a, b, c, d が互いに素なとき，後者の左辺の各項 (例えば $a+b+c$) が E 数 (m^2+mn+n^2 と書ける数) であることの証明が課題でした．

私が考えた筋道はアイゼンスタイン整数 $\widetilde{\mathbb{Z}}$ を活用して次の定理を順次示す方式でした．

1° 正の整数 x を $s^2 \cdot p_1 \cdots p_r$ と素因数分解したとき (s は合成数でも可)，x が E 数であるための必要充分条件は，p_i の部分が空であるかまたは各 $p_i (i = 1, \cdots, r)$ がすべて E 数である素数となることである．

2° E 数 x が E 数でない素因子 q をもてば $x = m^2+mn+n^2$ と表した

設問 6

m, n がともに q で割り切れる.

3° E 数 x が，少なくとも一方が E 数ではない s と t の積に分解されれば，s と t は E 数でない公約数をもつ.

まずこれらを既知として，上述の設問を証明します：

もしも $a+b+c$ が E 数でなければ，本文の式(3)により，3°から $a+b+d$ との公約数中に E 数でない素数 q がある．2°から E 数 a^2+ab+b^2 を表現する a, b がともに q で割り切れ，$a+b+c$，$a+b+d$ も q で割り切れるので，c, d も q の倍数となる．これは a, b, c, d 全体が互いに素とした仮定に反する．□

1°の証明　本文の記号をそのまま使います．
$$x = m^2 + mn + n^2 = (m + n\iota)(m + n\bar{\iota}) \tag{1}$$
の右辺各項を $\tilde{\mathbb{Z}}$ 内で素因数分解する．このとき $m + n\iota$ の実数の素因数を $q_1, \cdots, q_l$；真に複素数の素因数を $\pi_1, \cdots, \pi_r$ とし，$m + n\bar{\iota}$ の素因数分解はその共役数の積 $q_1 \cdots q_l \cdot \bar{\pi}_1 \cdots \bar{\pi}_r$ の形にとる．両者の積は $q_1^2 \cdots q_l^2 \cdot p_1 \cdots p_r (p_j = \pi_j \bar{\pi}_j)$ で p_j は E 数である素数である．$p_1, \cdots, p_r$ 中に同じ値があればそれらを一つにまとめて，全体で偶数個なら p_j^{2k} の形で2乗の項にくりこみ，奇数個なら1個だけ残して残りの偶数個を上と同様にする．2乗の項をまとめて s^2 と表せば
$$x = s^2 \cdot p_1 \cdots p_r : p_j は E 数である素数 \tag{2}$$
の形になるが，素因数分解の一意性から，(2)は x の(普通の形の)素因数分解で，2乗以上の項をまとめたものと同じ形になる．逆に (2) の形で表される x は，本文の補助定理2系1によって E 数である．□

2°の証明　1°の結果により，E 数でない素因子 q は式(2)での s に含まれ，x は q^2 で割り切れる．$\tilde{\mathbb{Z}}$ 内で $m + n\iota$ または $m + n\bar{\iota}$ の少なくとも一方(実は両方)が q で割り切れるので，m, n のおのおのが q で割り切れなければならない．□

3° の証明　$x = s \cdot t$, s が E 数でないとする．s は E 数でない素因数 q を含む．s が q^k でちょうど割り切れたとする．k が偶数なら q^2 は E 数でありその項を除いて（x を割る）よいから，k を奇数とする．偶数乗を除いて q 自体が s をちょうど割り切るとしてよい．x は q^2 で割り切れる（2°）ので，t も q で割り切れなければならない．すなわち s と t とは互いに素ではなく，E 数でない公約数 q をもつ．□

　$\tilde{\mathbb{Z}}$ を活用すると以上のようにあっさり証明できます．複素数を使わず実数の世界だけで証明することも不可能ではないが，明快さに劣るようです．応募解答も大体同じ線でした．

　なお本文の定理 9 と系の証明は理論的には正しいが少しまわりくどく，p と $r+1$ との（実数での）互除法だけで $p = m^2 + mn + n^2$ と表す m, n を求めることが可能です．特に課題にはしませんが，読者諸賢の御研究を期待します．

▶付記①　　第 6 話解答に補充

素因数分解の一意性の証明

　以下 $\tilde{\mathbb{Z}}$ について述べますが，一般のユークリッド整域あるいは普通の整数（有理整数）の場合も同様にできます．

補助定理 1　$\tilde{\mathbb{Z}}$ の部分集合 A で次の性質をもつものを，$\tilde{\mathbb{Z}}$ のイデアルとよぶ：

$$\alpha, \beta \in A \text{ なら } \alpha \pm \beta \in A ; \ \alpha \in A, \ \gamma \in \tilde{\mathbb{Z}} \text{ なら } \gamma\alpha \in A \qquad (3)$$

このとき $\tilde{\mathbb{Z}}$ のイデアル A は，ある要素 α_0（基底）の倍数全体の形に表される．

略証　$\tilde{\mathbb{Z}} \neq \{0\}$ としてよい．$\tilde{\mathbb{Z}}$ 内のノルムが正の最小値をとる要素 α_0（を一つ）とる．$\tilde{\mathbb{Z}}$ 内に α_0 の倍数でない要素 β があれば，β を α_0 で割った剰余を β' とすると，余りのある割り算により

設問6

$$\beta' = \beta - \gamma\alpha_0 \in \tilde{\mathbb{Z}} \quad (である\ \gamma\ がある),$$

$$0 < N(\beta') < B(\alpha_0)$$

となるが, これはノルムの最小性に反する. □

この**基底** α_0 は $\tilde{\mathbb{Z}}$ の要素のすべての公約数です.

系 $\tilde{\mathbb{Z}}$ の任意の2要素 α, β に対し, 両者の最大公因子 δ に対して

$$\alpha\mu + \beta\nu = \delta \tag{4}$$

である μ, ν が (一通りではないが) 存在する. 特に α, β が互いに素 (公約数が単数のみ) ならば, (4) の右辺を 1 とできる.

略証 $\mu, \nu \in \tilde{\mathbb{Z}}$ を動かして $\{\alpha\mu + \beta\nu\}$ と表される数全体は $\tilde{\mathbb{Z}}$ のイデアルで, その基底 δ がある. δ は (4) の形に表されるが, これは α, β の公約数である. そして α, β の他の公約数 γ は, 式 (4) から δ をも整除するので, δ は α, β の最大公因子である. □

以上は「抽象的」な証明ですが, α, β に対する互除法により, δ および (4) を満たす μ, ν を具体的に計算することが可能です.

補助定理2 $\tilde{\mathbb{Z}}$ の素数 π が積 $\alpha\beta$ を整除すれば, α, β の少なくとも一方(両方のこともあり得る)が π で割り切れる.

証明 もしも α が π で割り切れなければ, α と π とは互いに素だから, 上述の系により

$$\alpha\mu + \pi\nu = 1 \implies \alpha\beta\mu + \pi\beta\nu = \beta \tag{5}$$

である μ, ν が存在する. (5) の後の式で $\alpha\beta$ と π とはともに π で整除されるから, 右辺の β は π の倍数である. □

設問の解答・解説

素因数分解の一意性定理の証明

本文の式 (9) のように表されたとする．$m \leqq n$ としてよい．素数 κ_1 が右辺を割り切るから，右辺の π_j のどれかが κ_1 で割り切れる．$k(1) = j$ とする．このとき π_j も素数だから，κ_1 はその同伴数でなければならない．両辺を κ_1 で割れば，右辺に単数 υ_1 が掛けられる．以下同様の操作を続けると，次々に置換 $k(i)$ が定まり，右辺に単数 υ_i が掛けられた形になる．もしも $m < n$ ならば，m 回目の操作後に左辺は 1，右辺は単数に $n - m > 0$ 個の素数が掛けられた形に帰するが，これはあり得ない．したがって $m = n$ であり，m 回目の操作の後に $1 = \upsilon$（右辺も 1）となって完了する．ここで途中の κ_i と $\pi_{k(i)}$ とはすべて互いに同伴数である．□

普通の整数に対する素因数分解の一意性も同様にできますが，正の素数だけを考えれば，$\kappa_i = \pi_{k(i)}$ の形で済みます．なお「素数」の「本当の」意味は，補助定理 2 の性質を満たす π です．通常（以前）の定義に従う数はむしろ「既約数」とよぶべきです．上の意味の素数は既約数です．幸いにも普通の整数や $\widetilde{\mathbb{Z}}$ では両者は一致します．

▶付記②　フェルマー点までの距離

これは幾何学の話題で，むしろ前著の「ナゴヤ三角形」の話の延長です．それを本書に追加するとしたらここが最適と考えたので，敢えて補充する次第です．

3 辺長が $a = \mathrm{BC}$, $b = \mathrm{CA}$, $c = \mathrm{AB}$ で，内角がすべて $120°$ 未満の三角形では，その内部の点 P で，頂点からの距離の和：$s = x + y + z$（$x = \mathrm{PA}$, $y = \mathrm{PB}$, $z = \mathrm{PC}$）を最小にするのは，

$$\angle \mathrm{APB} = \angle \mathrm{BPC} = \angle \mathrm{CPA} = 120° \tag{6}$$

を満たす唯一の点 P（**フェルマー点**）です（次ページの図参照）．

設問 6

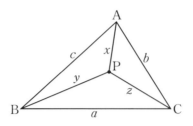

△APB, △BPC, △CPA は (6) から，次の連立方程式を満たします．

$$x^2+xy+y^2=c^2, \quad y^2+yz+z^2=a^2, \quad z^2+zx+x^2=b^2 \tag{7}$$

a,b,c が既知なら，(7) を解いて x,y,z が求められるはずです．実際 (7) の 2 式ずつの差をとると，互いに独立でない連立方程式

$$\left.\begin{aligned}(x-y)(x+y+z)&=b^2-a^2\\(y-z)(x+y+z)&=c^2-b^2\\(z-x)(x+y+z)&=a^2-c^2\end{aligned}\right\} \tag{8}$$

を得ます．しかしこれだけでは条件不足でうまく解けません．

幸いフェルマー点 P については，面積の関係から

$$\frac{\sqrt{3}}{4}(xy+yz+zx)=\triangle APB+\triangle BPC+\triangle CPA=\triangle ABC=S \tag{9}$$

(S は a,b,c からヘロンの公式により既知)

がわかります．(7) の 3 式の和に $3(xy+yz+zx)=4\sqrt{3}\,S$ を加えると，等式

$$\begin{aligned}2(x+y+z)^2&=a^2+b^2+c^2+4\sqrt{3}\,S\\ \implies s=x+y+z&=\sqrt{(a^2+b^2+c^2)/2+2\sqrt{3}\,S}\end{aligned} \tag{10}$$

を得ます ((10) を幾何学的に直接に証明することも可能)．(10) を (8) に代入して $x-y, x-z$ を求めれば，それから

$$x=\frac{1}{2s}(-a^2+b^2+c^2)+\frac{2S}{\sqrt{3}\,s},$$

y, z は第 1 項の部分を $a^2-b^2+c^2, a^2+b^2-c^2$ に変更した式 (11)

を得ます．s は (10) によります．この計算は読者の演習にします．

例 $a=511, b=455, c=399$ という（巨大な？）三角形を考えます．

実は $a' = 73$, $b' = 65$, $c' = 57$ として $a = 7a'$, $b = 7b'$, $c = 7c'$ です.
a', b', c' を 3 辺長とする三角形の面積 S' ($S = 7^2 \cdot S'$) は

$$(4S')^2 = 195 \times 81 \times 65 \times 49 = 3 \times (65 \times 9 \times 7)^2 \ ; \ S = 65 \times 63\sqrt{3} \, / 4$$

です. これから計算して

$$\left[\frac{1}{7}(x+y+z) \right]^2 = \frac{1}{2}[(73^2 + 65^2 + 57^2) + 3 \times 4095] = 12544 = 112^2,$$

$x+y+z = 7 \times 112 = 784$ を得ます. 他方 (8) から

$$y - x = 7^2 \times 8 \times 138 \div 784 = 69 \implies x = (784 - 199) \div 3 = 195,$$

これから $x = 195$, $y = 264$, $z = 325$ が答えです.

このとき $\triangle \mathrm{BPC}$ は 3 辺長が 511, 325, 264 ; $\triangle \mathrm{APB}$ は 399, 264, 195 のアイゼンスタイン三角形で, それぞれ $(m, n) = (19, 6)$; $(17, 5)$ で表現されます (前著第 6 話参照). $\triangle \mathrm{APC}$ は 3 辺長 455, 325, 195 が互いに素でなく, 辺長 7, 5, 3 ($(m, n) = (2, 1)$) の三角形を 65 倍した形です. もとの三角形 ABC は, 各辺長およびフェルマー点までの距離がすべて整数値で表される三角形の中で, 最小のものであることが知られています.

<hr>

設問 7

複素積分 $\dfrac{1}{2\pi i} \displaystyle\int_C \dfrac{dz}{z - \alpha} = N(C ; \alpha)$ (整数) として定義された曲線 C の α のまわりの回転指数 (定義 2) が, 定義 1 の直観的イメージと合うことの説明が課題でした. 少々あいまいな問題でした.

これは「数学」の問題というよりも, イメージの説明が課題ですから, 述べかたが難しい所です. 定義 2 の積分値が整数であることは本文中に述べたので, まずその線に沿う基本定理の「厳密な」証明から始めます.

それには定義 2 によって**回転指数** $N(C, \alpha)$ を定義し, 円 $|z| = r$ の $w = p(z)$ による像曲線を C_r として,

r が 0 に近いときは $N(C_r, 0) = 0$ $\hspace{3em}$ (6)

r が大なときは $N(C_r, 0) = n \geqq 1$ $\hspace{3em}$ (7)

を直接に証明すれば十分です. 式番号は本文からの通し番号とします.

(6)の証明 （$a_0 \neq 0$ と仮定）：定義式 (4) により

$$N(C_r, 0) = \frac{1}{2\pi i} \int_0^{2\pi} \frac{p'(re^{i\theta})re^{i\theta}i\,d\theta}{p(re^{i\theta}) - 0} \tag{8}$$

です．$|r| \leq \delta$ で (8) の分子は有界 $|p'| \leq M$，分母は $a_0 \neq 0$ に近く絶対値が $|a_0|/2$ 以上であり，全体の絶対値は有界：

$$|N(C_r, 0)| \leq \frac{rM2\pi}{2\pi|a_0|/2} = \frac{2Mr}{|a_0|} \tag{6'}$$

です．r を小さくすれば (6') の右辺は < 1 となりますが，左辺は非負の整数なので，0 でなければなりません．□

(7)の証明 $z = re^{i\theta}$ として，(8) の被積分関数は

$$i\,\frac{na_n + (n-1)a_{n-1}/z + \cdots + a_1/z^{n-1}}{a_n + a_{n-1}/z + \cdots + a_1/z^{n-1} + a_0/z^n}$$

$$= in\,\frac{1 + (n-1)a_{n-1}/nz + \cdots + a_1/nz^{n-1}}{1 + a_{n-1}/a_n z + \cdots + a_0/a_n z^n}$$

$$= in \cdot [1 + \varepsilon(z)]$$

の形になります．$\varepsilon(z)$ は絶対値が十分小さい関数です．r を十分大にすれば，定まった次数 n に対して

$$(n-1)/n < |1 + \varepsilon(z)| < (n+1)/n$$

となり，そのとき積分 (8) は $(n-1)$ と $(n+1)$ の間の値です．それが整数なので値は n です．□

さてもしもつねに $p(z) \neq 0$ なら，すべての r について回転指数 $N(C_r, 0)$ が定義され，それが r に対して不変なので，$0 = n \geq 1$ という矛盾を生じます．□

以上は実質的に本文の記述の焼き直しです．これを定義 1 のイメージと結びつけるのが当面の課題でした．以下は私なりの一つの説明です．

まず実例を挙げましょう．

設問の解答・解説

例 1 C が中心 α の単一円周（正の向き）なら
$$a = \alpha + re^{i\theta},$$
$$N(C\,;\alpha) = \frac{1}{2\pi i}\int_0^{2\pi}\frac{re^{i\theta}id\theta}{re^{i\theta}} = \frac{2\pi i}{2\pi i} = 1$$

であり，正の向きに 1 周と合います．逆向きなら -1，中心を m 回まわれば m になります．□

例 2 C が α を含まない円 D の内部にあるとき．

　直観的には α に据えつけたテレビカメラが左右に振れるだけで回転しないので，回転数は 0 のはずです．これを証明するには，$N(C,\alpha)$ が整数であり，α を C を通らぬように動かしても不変（連続的に変わるが，整数値だから不変）なことに注意して，α を最初の位置から円 D の中心を結ぶ半直線に沿って D から遠ざけます．C の長さは有界（$< M$）で，α と C との最短距離 $> K$ とすると，

$$|N(C,\alpha)| = |\,\text{積分}(8)\,| < M/2\pi K$$

が成立し，$K \to +\infty$ とすれば右辺 < 1 にできます．左辺は非負の整数だから 0 でなければなりません．□

　これで大体のイメージはおわかりでしょうが，さらに進むと（多価性の吟味がいるが）$1/(z-\alpha)$ の原始関数として $\ln(z-\alpha)$（自然対数）$= \ln|z-\alpha| + i\arg(z-\alpha)$ を導入するとよいでしょう．このとき積分(4)において実数部は 0 になるが，虚数部は $z-\alpha$ の偏角の微小変化（dz）を累積して足し合わせた（積分）値になります．それは正しく定義 1 で述べた，α に据えつけたテレビカメラが左右に移動して最終的にもとの位置に戻ったときの偏角変化の総量，つまり中心軸のまわりを回った回転指数です．ただこの最後の説明をそのままの形で厳密に定式化するには，角度の概念の構成から，その多価性（対数関数の多価性）を厳密に論ずる必要があります．それが「昔流」の考えでした．しかしそうするよりも回転指数を複素積分で定義して，後でイメージを考えたほうが楽だと考えた次第です．それがアルティンの目標でもあったと推察します．

設問9

━━━━━━━━━━━━━━━ 設 問 8 ━━━━━━━━━━━━━━━

特別な行列 $A = [a_i b_j]$ $(i = 1, \cdots, m; j = 1, \cdots, n)$ の一般逆行列 A^+ を求める問題でした.

$(a_1, \cdots, a_m) = \boldsymbol{a}$, $(b_1, \cdots, b_n) = \boldsymbol{b}$ (ベクトル;1行の行列とみなす) とおくと (^{T} は転置行列を表す)

$$A = \boldsymbol{a}^T \cdot \boldsymbol{b}, \ \text{ここで} \ B = \boldsymbol{b}^T \cdot \boldsymbol{a} \ \text{とおくと}$$
$$AB = \|\boldsymbol{b}\|^2 \boldsymbol{a}^T \cdot \boldsymbol{a}, \quad BA = \|\boldsymbol{a}\|^2 \boldsymbol{b}^T \cdot \boldsymbol{b}$$

はいずれも準正値対称行列であり,さらに

$$ABA = \|\boldsymbol{a}\|^2 \cdot \|\boldsymbol{b}\|^2 A, \quad BAB = \|\boldsymbol{a}\|^2 \cdot \|\boldsymbol{b}\|^2 B$$

です ($\|\boldsymbol{a}\|, \|\boldsymbol{b}\|$ はノルム,すなわち各ベクトルの大きさ).したがって $A^+ = B / \|\boldsymbol{a}\|^2 \|\boldsymbol{b}\|^2$ とおけば,この A^+ は A に対するムーア・ペンローズの一般逆行列の条件をすべて満たすことが,直接の計算で確かめられます.すなわち答えは

$$A^+ = B / (a_1^2 + \cdots + a_m^2)(b_1^2 + \cdots + b_n^2)$$

です.□

その意味で簡単な問題でしたが,もちろん以上の結果を丁寧に計算して下さった方が大半で,その御努力を高く評価します.

この応用として階数1の2次行列 $\begin{bmatrix} a & b \\ c & d \end{bmatrix}$ $(ad - bc = 0$,成分中例えば $b \neq 0)$ の一般逆行列が次の形であることが,直接の計算でもわかります.

$$\frac{1}{a^2 + b^2 + c^2 + d^2} \begin{bmatrix} a & c \\ b & d \end{bmatrix} = A^T \text{ の定数倍.}$$

以上は余りにも簡単な場合ですが,一般逆行列の実例として扱いました.

━━━━━━━━━━━━━━━ 設 問 9 ━━━━━━━━━━━━━━━

円内四角形に関する2個の等式の証明でした.筆者の不注意で前著第10話で扱ったものと実質的に同じ問題でした.但し若干の別証を補充しました.

1° 円内四角形 ABCD の 4 辺を $a = $ AB, $b = $ BC, $c = $ CD, $d = $ DA とし, 面積を S, 外接円の半径を R とするとき, 次の諸公式

$$4RS = \sqrt{(ab+cd)(ac+bd)(ad+bc)} \qquad (4)$$

$$S^2 = (s-a)(s-g)(s-c)(s-d), \quad s = (a+b+c+d)/2 \qquad (5')$$

の証明です (式番号は本文と同じ. 以下も本文からの通し番号とする).

対角線 AC $= p$ とすると $\cos B = -\cos D\,(B+D = 180°)$ に余弦定理を適用して

$$\frac{a^2+b^2-p^2}{2ab} + \frac{c^2+d^2-p^2}{2cd} = \cos B + \cos D = 0 \qquad (20)$$

です. これから

$$\begin{aligned}(ab+cd)p^2 &= (a^2+b^2)cd + (c^2+d^2)ab \\ &= ac\cdot ad + bc\cdot bd + ac\cdot bc + ad\cdot bd \\ &= (ac+bd)(ad+bc)\end{aligned} \qquad (21)$$

です. $S = \triangle$ABC $+ \triangle$CDA に三角形の場合の公式を適用して

$$4RS = abp + cdp = (ab+cd)p$$

であり, これに (21) を適用すれば (4) を得ます. □

以上は前著第 10 話での証明とほぼ同じですが, 一つの別証を以下に示します.

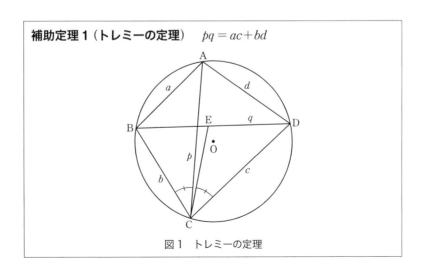

補助定理 1 (トレミーの定理) $pq = ac+bd$

図 1 トレミーの定理

略証 対角線 BD 上に $\angle ECD = \angle BCA$ である点 E をとると，$\triangle ABC \backsim \triangle DEC$ から $DE = AB \cdot CD / AC = ac/p$ である．このとき $\angle BCE = \angle ACD$ なので $\triangle BCE \backsim \triangle ACD$ でもあり，$BE = bd/p$ となる．両者を加えると，$q = BE + DE$ で，$pq = ac + bd$ を得る．□

補助定理 2 $\qquad\qquad\qquad p : q = \sin B : \sin A$

略証 正弦定理から，次の等式が成り立つ：

$$\frac{AC}{\sin B} = \frac{AB}{\sin \angle ACB} = \frac{AB}{\sin \angle ADB} = \frac{BD}{\sin A} \qquad \square$$

ところで四角形 ABCD の面積 S は，対角線で分けて

$$S = \frac{1}{2}(ad + bc)\sin A = \frac{1}{2}(ab + cd)\sin B$$

なので，$\sin A : \sin B = (ab + cd) : (ad + bc) = p : q$ です．これとトレミーの定理とから，p, q に対する次の所要の結果がでます．

$$p = \sqrt{\frac{(ac+bd)(ad+bc)}{ab+cd}}, \qquad q = \sqrt{\frac{(ac+bd)(ab+cd)}{ad+bc}} \qquad \square$$

他方 $2S = ab \sin B + cd \sin D$ $(\sin B = \sin D)$ であり，$\sin^2 B = 1 - \cos^2 B$ に上述の結果を適用すると

$$\cos^2 B = \frac{1}{2ab}\left[a^2 + b^2 - \frac{(a^2+b^2)cd + (c^2+d^2)ab}{ab+cd}\right]$$

$$= \frac{ab(a^2+b^2-c^2-d^2)}{2ab(ab+cd)},$$

$$\sin^2 B = 1 - \frac{a^2+b^2-c^2-d^2}{2(ab+cd)} = \frac{(c+d)^2-(a-b)^2}{2(ab+cd)}.$$

同様に $\sin^2 D = \dfrac{(a+b)^2-(c-d)^2}{2(ab+cd)}$ であり，

$$4S^2 = (ab+cd)^2 \sin B \cdot \sin D$$

$$= (c+d-a+b)(c+d+a-b)$$

$$\times (a+b-c+d)(a+b+c-d)/4$$

設問の解答・解説

となります．これを整理すれば(5')になります．　　　　　　　　□

　多くの方の解答は以上と大同小異でした．

2°　本文5節で示した鋭角三角形に関する不等式
$$a+b+c>4R \tag{17}$$
の証明は，以前に考えた余りうまくない（？）方法でした．以下には角や微分を使わない直接的な証明を補充します．この証明はT氏から示唆を受けたもので，同氏のご助言に感謝の意を表明します．

補助定理3　a,b,c が三角形の3辺を表す正の数なら
$$(a+b+c)^2>2(a^2+b^2+c^2) \tag{22}$$

証明　三角形ができる条件 $a+b>c,\ c+a>b,\ b+c>a$ にそれぞれ c,b,a を掛けて加えると
$$2ab+2ac+2bc>a^2+b^2+c^2$$
を得る．これに $a^2+b^2+c^2$ を加えればよい．　□

補助定理4　鋭角三角形では外心 O は △ABC の内部にある．そして △OBC, △OCA, △OAB の面積をそれぞれ S_1,S_2,S_3 とすると，$S_1+S_2+S_3=S$ であるが，S_1,S_2,S_3 の値は三角形の3辺をなす．

略証　最後の命題を示せばよい．これは外心 O が三角形の3中点のなす三角形の垂心と一致することからほぼ明らかである．直接に示すには，AO の延長と辺BC の交点をD とすると（図2），$OD<OB=OA=R$ から △OBD<△OAB，△OCD<△OAC で，両者を加えると $S_1<S_2+S_3$ となる．他の組も同様である．　□

系　$2(S_1^2+S_2^2+S_3^2)<(S_1+S_2+S_3)^2=S^2$ 　　　　　　　　(23)

235

設問 9

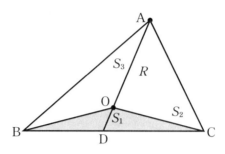

図 2　鋭角三角形のとき

さてヘロンの公式から $4S_1^2 = 4a^2R^2 - a^4$ などであり，これらを (23) に代入して整理すると，鋭角三角形では

$$8R^2(a^2+b^2+c^2) < a^4+b^4+c^4+2(a^2b^2+a^2c^2+b^2c^2)$$
$$= (a^2+b^2+c^2)^2 \Longrightarrow 8R^2 < a^2+b^2+c^2 \qquad (24)$$

を得ます．直角三角形では，(24) の最後の式は等号が成立します．ここで補助定理 3 をもう一度使うと (17) が

$$16R^2 < 2(a^2+b^2+c^2) < (a+b+c)^2 \Longrightarrow 4R < a+b+c \qquad (17)$$

として，それほど計算せずに証明できました．□

もちろん (17) や (24) には他にも多くの (もっと簡単な) 別証があります．そして本文でも注意した通り，(17) で等号は成立しないが，三角形が潰れた極限で比が 4 に近づくので，定数 4 をこれ以上改良することはできません．

▶付記　内外接円を与えられた三角形をめぐって

3°　本話は四角形の場合が中心ですが，標題の課題について略述します．本来ならば独立の一話にまとめるべきですが，要点だけを (計算もある程度略して) 記述します．

3.1　$\triangle ABC$ の外心・内心を O, I とし，外接円・内接円の半径を R, r；両中心間の距離を $d = OI$ とします．このとき

$$d^2 = R^2 - 2Rr \quad (\text{チャップルの定理}) \qquad (25)$$

が成立することは，第10話で示しました(同所の式(2))．証明は同所の式(9)によるが，直接の証明も可能です．

逆に大円O(半径R)の内部に小円I(半径r)があるとき，大円を外接円，小円を内接円とする三角形が存在するための必要十分条件は，両者の中心間の距離dが(25)を満足することです．そのような両円があれば，大円周上の任意の点Aから小円に接線を引いて，それらがふたたび大円と交わる点をそれぞれB, Cとすると，線分BCは小円に接して，目的の三角形ABCが作図できます(ポンスレの閉形定理)．

この事実を一般的に厳密の証明するのはかなり厄介で，ここには述べません(もっとも考えようによっては「自明」に近いのかも？)．以下では特に頂点Aを直径OIの端点にとって，△ABCが**二等辺三角形**になる場合を論じます．なお当然の前提ですが，$O \neq I$, $R > 2r$ と仮定します．

3.2 前述の記号で頂点Aを直径OIのO側の端点とし，上述の作図をします．線分AB(辺長b), BC(辺長a)の中点をそれぞれN, Mとします．高さ$h = AM$が$R+d+r$に等しく，辺BCが小円Iと接することを示すのが目標です．IからABに引いた垂線の足をKとします(図3)．

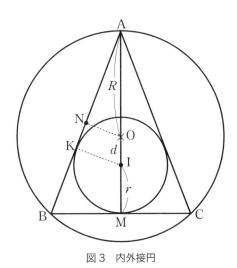

図3　内外接円

相似三角形と三平方の定理から次の諸式を得ます.

$$\text{AN}:\text{AO}=\text{AM}:\text{AB} \implies h=b^2/2R \tag{26}$$

$$\text{AI}:\text{AK}=\text{AB}:\text{BM} \implies a/2=br/(R+d) \tag{27}$$

$$h^2+\left(\frac{a}{2}\right)^2=b^2 \implies \frac{b^2}{(2R)^2}+\frac{r^2}{(R+d)^2}=1 \tag{28}$$

(26)を(28)に代入し,(25)から導かれる等式

$$2R(R+d-r)=R^2+2Rd+(R^2-2Rr)=R^2+2Rd+d^2=(R+d)^2$$

に注意すると,次のようにして所要の結果を得ます.

$$h=\frac{2R}{(R+d)^2}(R+d+r)(R+d-r)=R+d+r \qquad \square$$

このとき $\triangle\text{ABC}$ の面積 S_1 は,(26)と(27)から

$$S_1=\frac{ah}{2}=\frac{b^3r}{2R(R+d)}=\frac{r(2R(R+d+r))^{3/2}}{(2R)^{3/2}(R+d-r)^{1/2}}=r\sqrt{\frac{(R+d+r)^3}{R+d-r}}$$

となります.さらに(25)から導かれる等式

$$r^2=(R-r)^2-d^2=(R+d-r)(R-d-r)$$

を使うと

$$S_1=\sqrt{(R+d+r)^3(R-d-r)} \tag{29}$$

とも表されます.(29)を標準的な結果とします.

3.3 他方直径 OI の I 側の端点 A′ を頂点として,同様に二等辺三角形 A′B′C′ を作図すると,高さが $R-d+r$ で小円が内接円になることが示されます.その結果はすべて前述の $\triangle\text{ABC}$ について,式中の d を $-d$ に変更した式になり,$\triangle\text{A}'\text{B}'\text{C}'$ の面積 S_2 は最終的に次のように示されます.

$$S_2=\sqrt{(R-d+r)^3(R+d-r)} \tag{30}$$

では「細長い」$\triangle\text{ABC}$ と「平べったい」$\triangle\text{A}'\text{B}'\text{C}'$ とどちらの面積が大きいでしょうか? 双方の式を2乗して差をとって計算すると,以下のようになり,つねに $S_1>S_2$ であることが示されます.

$S_1 > S_2$ **の略証**　双方を 2 乗して差をとり，

$$(R+d+r)^3(R-d-r) - (R-d+r)^3(R+d-r) \tag{31}$$

の正負を判定すればよい．各項を展開すると

$$(31) = [R^4 + 2R^3(d+r) - 2R(d+r)^3 - (d+r)^4]$$
$$- [R^4 + 2R^3(r-d) - 2R(r-d)^3 - (r-d)^4]$$
$$= 4R^3 d - 2R(6r^2 d + 2d^3) - 3(r^3 d + rd^3)$$

となる．これに (25) を代入して整理すると，最終的に

$$(31) = 4dr^2(R-2r) > 0$$

となる．すなわち $S_1 > S_2$ である．□

　実は大円 O を外接円，小円 I を内接円とする三角形のうち，面積の最大が S_1，最小が S_2 になります．

　最後に d は R, r の関数であり，r を止めて $R \to +\infty$ とすると，$R-d-r \to 0$ になることに注意しておきます．

参考文献

[1] 島淳志，半径 R の外接円と半径 r の内接円をもつ三角形を作図しよう．〜外接円と内接円の関係；オイラー・チャップルとポンスレー〜　数研通信；数学，no.90(2017)．p.18-21.

[2] 一松 信，三角形の内接円と外接円，現代数学 2017 年 12 月号，p38-42.

設問 10

　正三角形でない三角形の内心 I が重心 G と垂心 H を直径とする円内にあるという命題の証明です．それは結局本文の式

$$2GI^2 + OH^2/9 < IO^2 \quad (\text{O は外心}) \tag{18}$$

を示す課題でした．以下式番号は本文から通し番号を使用します．

　本文の公式 (2), (6), (10) を代入すると，全体に $9(a+b+c) > 0$ を掛けて，示すべき不等式は次の通りです：

$$-2(a^3+b^3+c^3)+4(a^2b+a^2c+b^2a+b^2c+c^2a+c^2b)$$
$$-18abc+(a+b+c)[9R^2-(a^2+b^2+c^2)]$$
$$<9R^2(a+b+c)-9abc \tag{18'}$$

共通項を整理すると次の不等式になります.

$$-3(a^3+b^3+c^3)+3(a^2b+a^2c+b^2a$$
$$+b^2c+c^2a+c^2b)-9abc<0.$$

3で割って整理すると

$$abc>-(a^3+b^3+c^3)+(a^2b+a^2c+b^2a$$
$$+b^2c+c^2a+c^2b)-2abc \tag{19}$$

になります. (19)の右辺は $(-a+b+c)(a-b+c)(a+b-c)$ と因数分解できます(下記). この3項はすべて正であり(三角形の3辺), 2項ずつの相加平均・相乗平均の不等式から($a=b=c$ ではないとしたので)

$$\sqrt{(a-b+c)(a+b-c)}<(a-b+c+a+b-c)/2=a$$

同様に $\sqrt{(a-b+c)(a-b+c)}<c$, $\sqrt{(-a+b+c)(a+b-c)}<b$ であり, これらを掛ければ所用の不等式(19)になります. □

(19)の右辺の因数分解は, 例えば次の通りです.

$$(-a^3+a^2b+a^2c)+a(b^2-2bc+c^2)-(b^3-b^2c)-(c^3-c^2b)$$
$$=a^2(-a+b+c)+a(b-c)^2-(b-c)(b^2-c^2)$$
$$=a^2(-a+b+c)+(b-c)^2(a-b-c)$$
$$=(-a+b+c)[(a^2-(b-c)^2]$$
$$=(-a+b+c)(a-b+c)(a+b-c)$$

□

不等式(19)はかなり有名な式で, 大学入試にも時折出題されています. これはもし右辺が $\leqq 0$ なら自明です. a,b,c が正ならば2項ずつの和が正なので, 2項が負ということはなく, この不等式は任意の正の数 a,b,c について成立します($a=b=c$ のときのみ等号).

ところで式(19)の左辺 − 右辺の2倍は次のように変形できます:

$$(-a+b+c)(b-c)^2+(a-b+c)(c-a)^2+(a+b-c)(a-b)^2 \tag{19}$$

したがって a,b,c が三角形の3辺長(本文の不等式(12)を満たす)なら $\geqq 0$ は自明です. その他にもいろいろの工夫がありました. なお直接に本来の不等式 $IG^2+IH^2<GH^2$(本文の式(3))を示すことも可能です.

設問の解答・解説

(18)で等号成立は，$a = b = c$（両辺とも 0）の場合だけなので，考慮外としてよいでしょう．

前記応募者のうち T' 氏は，本文とは無関係な幾何学的証明をしました．興味深いが長くなりますので紹介することを控えます．面白い御研究成果をお寄せ下さったことに感謝します．また S' 氏はフォイエルバッハの定理の興味深いいくつかの証明をお送り下さいました．御紹介する機会がなくて失礼申しますが，厚く感謝します．

▶付記 本文の等式 (7) の別証

A, B, C が三角形の 3 個の内角を表すとき，等式

$$\cos^2 A + \cos^2 B + \cos^2 C + 2\cos A \cos B \cos C = 1 \tag{7}$$

は，基本的な関係です．前著第 13 話に直接の証明を述べましたが，興味あると思われる別証を 2 通り紹介します．

証明 1 線型代数学の基本的な知識を仮定する．次の行列

$$\begin{bmatrix} -1 & \cos C & \cos B \\ \cos C & -1 & \cos A \\ \cos B & \cos A & -1 \end{bmatrix} = M$$

の行列式は，直接に展開して

$$\cos^2 A + \cos^2 B + \cos^2 C + 2\cos A \cos B \cos C - 1 \tag{20}$$

である．他方 M に $\sin A, \sin B, \sin C$ を成分とする縦ベクトル $\boldsymbol{v}$ を右から掛けると，$M\boldsymbol{v}$ の第 1 行は

$$-\sin A + \sin B \cos C + \sin C \cos B = -\sin A + \sin(B+C) = 0$$

$$(B+C \text{ は } A \text{ の補角で，} \sin(B+C) = \sin A)$$

である．第 2 行，第 3 行も同様に 0 になる．$M\boldsymbol{v} = \boldsymbol{0}$ だが，$\boldsymbol{v}$ は 0 ベクトルではないから，M の行列式 (20) $= 0$ である．これは所要の等式(7)である．□

証明 2 $\cos x = f(x)$ とおき，その関数等式を調べる．

241

設問 11

> **補助定理** $\cos x = f(x)$ は次の関数等式を満足する.
>
> $$(f(x))^2 + (f(y))^2 + (f(x+y))^2 - 2f(x)f(y)f(x+y) = 1 \qquad (21)$$

証明 直接に代入して余弦関数の加法定理を使うと

$$(21)\text{の左辺} = \cos^2 x + \cos^2 y + (\cos x \cos y - \sin x \sin y)^2$$

$$- 2\cos x \cos y(\cos x \cos y - \sin x \sin y)$$

$$= \cos^2 x + \cos^2 y - \cos^2 x \cos^2 y + \sin^2 x \sin^2 y \qquad (22)$$

この右辺の末尾の項を $(1-\cos^2 x)(1-\cos^2 y)$ と書き直して展開整理すると，$(22) = 1$ となり，所要の結果を得る. □

さて $A+B+C = \pi$ （2 直角）なら，$\cos C = -\cos(A+B)$ である.
$x = A$, $y = B$ として (21) に代入すれば，所要の等式 (7) を得る. □

関数等式 (21) において，$f(x)$ が実の連続関数で，定数でなく，$|f(x)| \leqq 1$（あるいは $|f(a)| < 1$ である値 a がある）と仮定すると，その解は $f(x) = \cos(\alpha x)$（α は定数）に限ることが知られています．その意味で，当初の等式 (7) は，三角形の性質というよりも，余弦関数 (cos) の関数等式とみるべきかもしれません.

━━━━━━━━━━ **設問 11** ━━━━━━━━━━

正七角形の対角線長の数値計算に関する問題でした.
次の 2 個の 3 次方程式（番号は本文のまま）

$$x^2 - x^2 - 2x + 1 = 0 \qquad (4)$$

$$y^3 - 2y^2 - y + 1 = 0 \qquad (5)$$

をそれぞれ直接に（数値的に）解くのが課題です．ニュートン法を適用すると以下のとおりです．ここでニュートン法の式を次のように変形して計算するのが楽です.

設問の解答・解説

$$x_{n+1} = \frac{x_n^2(x_n-1)-(2x_n-1)}{(3x_n+1)(x_n-1)-1},$$

$$y_{n+1} = \frac{y_n^2(y_n-2)-(y_n-1)}{(3y_n-1)(y_n-1)-2}$$

初期値のとり方は様々です. 大きい方からとしてそれぞれ $x_0 = 2$, $y_0 = 3$ から始めるのも一つの方法です. しかし本文で述べた通り, $x_0 = 1.8$, $y_0 = 2.25$ (本文の式(2)参照) から始めると, 次のように速やかによい近似を得ます:(4)は

$$x_1 - x_0 = -\frac{1.8^2 \times 0.8 - 2.6}{6.4 \times 0.8 - 1}$$

$$= \frac{0.008}{4.12} = 0.00194\cdots$$

$x_1 = 1.80194$ に対して関数値 0.0000093 であり, 小数点以下 4 桁の精度では $x_1 = 1.8019$, あるいは 4 桁目を四捨五入して 1.802 で充分です. (5)は

$$y_1 - y_0 = -\frac{2.25^2 \times 0.25 - 1.25}{5.75 \times 1.25 - 2}$$

$$= \frac{-0.015625}{5.1875} = -0.003012$$

$y_1 = 2.2470$ に対して関数値 0.000105 です. 分母は前の値 5.2 をそのまま使っても $y_2 = 2.24698$, 関数値 0.000002 となり, 当面の精度では $y_1 = 2.247$ で十分です.

コンピュータでもう少し精しく計算した値は, それぞれ

$$x_1 = 1.8019377358,$$

$$y_1 = 2.2469790037$$

でした. 以上が標準的と思いますが, 近似計算に二分法を使った方もありました. 単なる数値計算ですが, 色々と工夫が可能です.

243

設問 12

———————— 設問 12 ————————

4次元の超立方体に該当する不定方程式

$$2(k-1)(l-1)(m-1)(n-1) = klmn,$$
$$k \leq l \leq m \leq n \tag{11}$$

(番号は本文のもの)の整数解を求める課題でした.

$k = 1, 2$ は無意味なので,次のように分けました.

[1] $k = 3$ の場合の解をすべて求めよ.

[2] $k = 4$ の場合の解をすべて求めよ.

[3] $k = 5$ の解は $(5, 5, 6, 16)$, $(5, 6, 6, 10)$, $(5, 6, 7, 8)$ の3組であり, $k \geq 6$ の解は存在しないことを証明せよ.

以下式番号は本文からの通し番号にします.

[3]の解 まず必須課題とした[3]から始めます. 本文と同様に

$$\frac{6}{7} \cdot \frac{6}{7} \cdot \frac{6}{7} \cdot \frac{6}{7} = \frac{1296}{2401} > \frac{1}{2},$$

$$\frac{5}{6} \cdot \frac{5}{6} \cdot \frac{6}{7} \cdot \frac{6}{7} = \frac{25}{49} > \frac{1}{2}$$

から,最小値 $k \geq 7$ の解は存在せず,$k = 6$ の解はあったとしても $k = l = m = 6$ でなければいけません.しかしこのとき (11) を満たす $n = 125/17$ が整数でないので,最小値が $k \geq 6$ の解は存在しないことになります.次に $k = 5$ とします.評価

$$\frac{4}{5} \cdot \frac{6}{7} \cdot \frac{6}{7} \cdot \frac{6}{7} = \frac{864}{1715} > \frac{1}{2}.$$

から $l < 7$;$l = 5$ か 6 です.$l = 6$ とすると

$$40(m-1)(n-1) = 30mn \Rightarrow (m-4)(n-4) = 12 ;$$

$12 = 1 \times 12 = 2 \times 6 = 3 \times 4$ と分解して3個の解

$$(5, 6, 5, 16), (5, 6, 6, 10), (5, 6, 7, 8) \tag{12}$$

を得ます.最初のは $(5, 5, 6, 16)$ と考えます.$l = 5$ とすると条件式は $32(m-1)(n-1) = 25mn$ となり,$m = 5, 6, 7, 8, 9$ に対してそれぞれ $n = 128/3, 16, 192/17, 28/3, 256/31$ です.このうち整数解は

244

$m = 6$, $n = 16$ だけだがこれは (12) に含まれます. $m = 9$ に対する $n = 256/31 < 9$ なので, これ以上調べる必要はなく, 解は上記 (12) の 3 組だけです. □

[1] の解. コンピュータで調べるほうが早そうですが上述の手法を続けます. $k = 3$ のとき, $l = 3, 4$ では左辺 < 右辺となり解なし; 他方

$$\frac{2}{3} \cdot \frac{10}{11} \cdot \frac{10}{11} \cdot \frac{10}{11} = \frac{2000}{3993} > \frac{1}{2},$$

$$\frac{2}{3} \cdot \frac{9}{10} \cdot \frac{11}{12} \cdot \frac{11}{12} = \frac{121}{240} > \frac{1}{2}$$

から $l \geqq 11$ の解はなく, $l = 10$ のときは $m = 10$ か 11 です. $l = 5 \sim 10$ のおのおのについて方程式 (11) を整理すると, $l = 9$ を除いてすべて $(m - a)(n - a) = b(= a(a - 1))$ の形に整理されます (表 1). b を約数の積に分解して, 最終的に以下の式 (13) のような所要の解を得ます.

表 1 $k = 3$ の場合の方程式と解の個数

l	a	b	解の個数
5	16	240	10
6	10	90	6
7	8	56	4
8	7	42	4
10	6	30	4

$(3, 5, 17, 256)$, $(3, 5, 18, 136)$, $(3, 5, 19, 96)$, $(3, 5, 20, 76)$, $(3, 5, 21, 64)$, $(3, 5, 22, 56)$, $(3, 5, 24, 46)$, $(3, 5, 26, 40)$, $(3, 5, 28, 36)$, $(3, 5, 31, 32)$, $(3, 6, 11, 100)$, $(3, 6, 12, 55)$, $(3, 6, 13, 40)$, $(3, 6, 15, 28)$, $(3, 6, 16, 25)$, $(3, 6, 19, 20)$, $(3, 7, 9, 64)$, $(3, 7, 10, 36)$, $(3, 7, 12, 22)$, $(3, 7, 15, 16)$, $(3, 8, 8, 49)$, $(3, 8, 9, 28)$, $(3, 8, 10, 21)$, $(3, 8, 13, 14)$, $(3, 10, 11, 12)$ (13)

$l = 10$ のときは (13) の末尾以外に $(3, 10, 7, 36)$, $(3, 10, 8, 21)$, $(3, 10, 9, 16)$ が出ますが, 前二者は $l = 7, 8$ に含まれ重複します. 最後のものは $(3, 9, 10, 16)$ ですが, 以下に述べる通り, $l = 9$ の解は他になく, 結局 (13) に $(3, 9, 10, 16)$ をつけ加えた総計 26 通りが解のすべてです.

$l = 9$ のときは方程式が $32(m-1)(n-1) = 27mn$ となり，$m = 9, 10, 11, 12, 13$ に対してそれぞれ $n = 256/13, 16, 320/23, 88/7,$ $128/11$ で，整数解は $m = 10$，$n = 16$ のみ（これは上述）；そして $128/11 < 13$ なのでこれ以上調べる必要はありません．

[2]の解 $k = 4$ のときは

$$\frac{3}{4} \cdot \frac{7}{8} \cdot \frac{7}{8} \cdot \frac{7}{8} = \frac{1029}{2048} > \frac{1}{2}$$

から $l \geqq 8$ の解はなく，$l = 4, 5, 6, 7$ に対して同様の手法で以下の解を得ます．

$(4, 4, 10, 81)$, $(4, 4, 11, 45)$, $(4, 4, 12, 33)$, $(4, 4, 13, 27)$,
$(4, 4, 15, 21)$, $(4, 4, 17, 18)$, $(4, 5, 7, 36)$, $(4, 5, 8, 21)$, $(4, 5, 9, 16)$,
$(4, 5, 11, 12)$, $(4, 6, 6, 25)$, $(4, 6, 7, 15)$, $(4, 6, 9, 10)$, $(4, 7, 6, 15)$,
$(4, 7, 8, 9)$ \hfill (14)

表2 $k = 4$ の場合の方程式と解の個数

l	a	b	解の個数
4	9	72	6
5	6	30	4
6	5	20	3
7	3	6	2

(14) の最後から2番目のは $(4, 6, 7, 15)$ と重複しています．解は (14) からこれを除いた 14 通りです．解全体は $k = 5$ の場合を含めて，合計 $3 + 26 + 14 = 43$ 通りです．多くの方が上述の全部を正しく求めていました．

━━━━━━━━━━ 設 問 13 ━━━━━━━━━━

3次元空間内の四面体は必ずしも4次元空間内の正四面体の正射影としては表されないことの証明でした．難問だったせいか，解答は少数でした．それらはいろいろと面白い発展を含んでいましたが，以下では私の用意した解答を述べます．

設問の解答・解説

四面体を OABC とし，辺長を $a=\mathrm{BC}$, $b=\mathrm{CA}$, $c=\mathrm{AB}$, $d=\mathrm{OA}$, $e=\mathrm{OB}$, $f=\mathrm{OC}$ とおきます．一辺長 l の正四面体の一頂点を O に固定し，他の3頂点（4次元空間内）を A′, B′, C′ として $\mathrm{AA'}=u$, $\mathrm{BB'}=v$, $\mathrm{CC'}=w$ とします．4個の未知数 u, v, w, l に対して，条件を満たすのは合計6個の方程式

$$\begin{cases} d^2+u^2=l^2,\ e^2+v^2=l^2,\ f^2+w^2=l^2, & (1) \\ a^2+(v-w)^2=l^2,\ b^2+(w-u)^2=l^2,\ c^2+(u-v)^2=l^2 & (2) \end{cases}$$

が必要なので，全く一般の a,b,c,d,e,f に対しては解がないと予想されます．解があるための $a \sim f$ に関する完全な必要十分条件は難しく，そこまでは要求しません．しかし例えば(1)，(2)から一部をとり出して

$$v^2=l^2-e^2,\ w^2=l^2-f^2,$$
$$2vw=a^2+v^2+w^2-l^2=a^2-e^2-f^2+l^2$$
$$4v^2w^2=4(l^2-e^2)(l^2-f^2)=(l^2+a^2-e^2-f^2)^2$$

とし，最後の式を展開整理すると，最終的に

$$3l^4+2(e^2+f^2-a^2)l^2-a^4-e^4-f^4$$
$$+2a^2e^2+2a^2f^2+2e^2f^2=0 \qquad (4)$$

となります．(4)の定数項は $\triangle$ OBC の面積 S_a に対して $(4S_a)^2$ に相当します．(4)と同様の等式が $\triangle$ OAB，$\triangle$ OAC の周の3辺にも成立し，それらが同時に成立するためには，それらの係数行列式 $=0$ が必要条件になります．その具体式は省略しますが，ともかく特別な四面体になります．すなわち無条件では成立しないことが確かです．

　以下ではもう少し限定して，次の結果を示します．すなわち4次元空間内の正四面体を**等積四面体**に拡張しても，一般的には不可能という結果です．ここで等積四面体とは，第9話でも述べましたが，各面が等面積：実は面が合同な鋭角三角形で，対辺どうしが等長な四面体です．そのときは(1)，(2)の各方程式の右辺が順次 p^2, q^2, r^2 となり，差をとって

$$d^2+u^2=a^2+(v-w)^2,\ e^2+v^2=b^2+(w-u)^2,$$
$$f^2+w^2=c^2+(u-v)^2 \qquad (5)$$

247

となります．(5) は 3 個の未知数 u, v, w に対する 3 個の方程式なので，一般的に解けそうに見えますが，実数解があるとは限りません．実際 (5) の第 1 式を移項すると

$$u^2 - (v-w)^2 = a^2 - d^2, \quad (u+v-w)(u-v+w) = a^2 - d^2$$

となり，同様にして次の 2 式を得ます．

$$(u+v-w)(-u+v+w) = b^2 - e^2, \quad (-u+v+w)(u-v+w) = c^2 - f^2$$

これらを掛けると

$$[(-u+v+w)(u-v+w)(u+v-w)]^2$$
$$= (a^2 - d^2)(b^2 - e^2)(c^2 - f^2) \tag{6}$$

だから (6) の右辺 >0 でなければなりません (0 でも困難が生じる)．もしそれが正ならその平方根をとって $-u+v+w$ などを導き，それらから u, v, w が実数として求められます．しかしもし (6) が負だと u, v, w は複素数になり，実数解はありません．(6) の右辺 <0 という場面は，例えば $a<d,\ b<e,\ c<f$ すなわち底面 ABC に対して高さが大きい四面体で起こります．特に $a=b=c<d=e=f$ (正三角錐) とすれば，これは直辺四面体ですが，もとの四面体を直辺四面体と限定しても，等積四面体の正射影にはなりません．

このとき上述の原点に相当する頂点を他の頂点と交換しても，(6) の右辺の 3 項のうち 2 項だけが反数に変わるので，やはり全体の積は負のままです．その意味で上述の結論 (実数解がなくて，射影で表すのが不可能なこと) はそのまま成立します．

少々苦し紛れの議論 (？) でしたが，ともかく当初の不可能性は示されたと思います．

設問 14

球面三角形 (3 辺の弧長 a, b, c) の面積 S に関する公式 (球面三角形に対する「ヘロンの公式」)

$$1 + \cos S = \frac{(1 + \cos a + \cos b + \cos c)^2}{(1 + \cos a)(1 + \cos b)(1 + \cos c)} \tag{11}$$

右上 設問の解答・解説

$$1 - \cos S = \frac{1 - \cos^2 a - \cos^2 b - \cos^2 c + 2\cos a \cos b \cos c}{(1 + \cos a)(1 + \cos b)(1 + \cos c)} \tag{12}$$

の証明が課題でした.

以下式番号は本文からの通し番号にします.

本文の $\sin S$ の式(本文の式(9))と分子の和

$$(1 + \cos a + \cos b + \cos c)^2$$
$$+ (1 - \cos^2 a - \cos^2 b - \cos^2 c + 2\cos a \cos b \cos c) \tag{13}$$
$$= 2(1 + \cos a)(1 + \cos b)(1 + \cos c)$$

から,$(1 + \cos S)$ と $(1 - \cos S)$ の和 2 と積 $\sin^2 S$ が既知なので,大小の順を注意すれば直ちに (11),(12) が出ます.そういった解答もありました.しかし以下では改めて直接に計算します.

$S = A + B + C - \pi$ から,加法定理により

$$\cos S = -\cos(A + B + C)$$
$$= -\cos A \cos B \cos C$$
$$+ \sin A \sin B \cos C + \sin B \sin C \cos A$$
$$+ \sin C \sin A \cos B \tag{14}$$

です.これに正弦余弦定理と正弦定理(本文の公式(1),(3),(6)参照)を代入して(Δ は本文の式(5))

$$(14) = \frac{\Delta[\alpha - \beta\gamma + \beta - \gamma\alpha + \gamma - \alpha\beta]}{\sin^2 a \sin^2 b \sin^2 c}$$
$$- \frac{(\alpha - \beta\gamma)(\beta - \gamma\alpha)(\gamma - \alpha\beta)}{\sin^2 a \sin^2 b \sin^2 c} \tag{15}$$

です.ここで記述を簡単にするために,$\alpha = \cos a$, $\beta = \cos b$, $\gamma = \cos c$ とおきました.(15) の分母はまとめると,

$$(1 - \alpha^2)(1 - \beta^2)(1 - \gamma^2)$$

となります.次に分子を計算します.第 1 項の分子の [ ] 内をまとめ換えると

$$\alpha + \beta + \gamma - (\alpha\beta + \beta\gamma + \gamma\alpha)$$
$$= 1 - \alpha\beta\gamma - (1 - \alpha)(1 - \beta)(1 - \gamma)$$

と表され，(15)の分子全体は

$$-\Delta(1-\alpha)(1-\beta)(1-\gamma)+(1-\alpha^2-\beta^2-\gamma^2+2\alpha\beta\gamma)(1-\alpha\beta\gamma)$$
$$-(\alpha\beta\gamma-\alpha^2\beta^2-\beta^2\gamma^2-\gamma^2\alpha^2+\alpha^3\beta\gamma+\beta^3\gamma\alpha+\gamma^3\alpha\beta-\alpha^2\beta^2\gamma^2)$$

$$\tag{16}$$

となります．この第2項以下を展開整理すると

$$1-(\alpha^2+\beta^2+\gamma^2)+2\alpha\beta\gamma-\alpha\beta\gamma+\alpha\beta\gamma(\alpha^2+\beta^2+\gamma^2)-2\alpha^2\beta^2\gamma^2$$
$$-\alpha\beta\gamma+(\alpha^2\beta^2+\beta^2\gamma^2+\gamma^2\alpha^2)-\alpha\beta\gamma(\alpha^2+\beta^2+\gamma^2)+\alpha^2\beta^2\gamma^2$$
$$=1-(\alpha^2+\beta^2+\gamma^2)+\alpha^2\beta^2+\beta^2\gamma^2+\gamma^2\alpha^2-\alpha^2\beta^2\gamma^2$$
$$=(1-\alpha^2)(1-\beta^2)(1-\gamma^2)$$

となります．これから(16)と併せて最終的に

$$(14)=(15)=1-\frac{\Delta(1-\alpha)(1-\beta)(1-\gamma)}{(1-\alpha^2)(1-\beta^2)(1-\gamma^2)}$$
$$=1-\frac{\Delta}{(1+\alpha)(1+\beta)(1+\gamma)}$$

となり(12)が出ました．(11)は等式(13)に注意すれば，これから直ちに導かれます．応募解答の大半は計算のしかたはいろいろながら，このような計算の線に沿うものでした．他に本文には述べなかったが，半角(半辺)の公式を活用した計算もありました．

◆━━━━━━━━━ **設 問 15** ━━━━━━━━━◆

三角関数の微分法の基礎となる不等式

$$0<t<\pi/2 \text{ のとき } \sin t<t<\tan t \tag{12}$$

を直接に弧長の比較から証明する問題でした．

以下式の番号は本文からの通し番号にします．

その証明もいろいろ考えられますが，以下のようにするのがよいでしょう．半径1の円弧 AB で ∠AOB $= t$ $(0<t<\pi/2)$ とします(図1)．B から OA に垂線 BC を引けば(上の ⌒ は弧長)，(12)のうち

$$\sin t = \mathrm{BC} < \mathrm{AB} < \widehat{\mathrm{AB}} = t \tag{13}$$

で，左側は(13)から明らかです．右側が主目標です．

通例ではこれを面積の比較で証明していますが，下手すると循環論法になるという森毅氏らの批判に答えるのが，この問題の目的です．

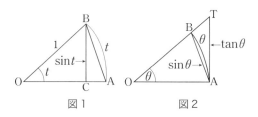

図1　　図2

以下の方法は割り合いよく知られており，報告も多数あります．一例は2015年9月の数学教育学会(京都産業大)での大阪市立大・田山育男氏の講演「三角関数の微分の指導」(同論文集 p.112-114)です．

便宜上 t を θ に書き換え改めて図2で半径1の円周上の定点 A での接線と $\angle \mathrm{BOA} = \theta$ をなす半直線 OB との交点を T とすると，$\overparen{\mathrm{AB}} = \theta$，$\mathrm{AT} = \tan\theta$ です．弧の長さは「それに内接する単一折れ線の長さの上限」と定義されますので，$0 < \varepsilon < \theta$ である任意の ε に対して全体の長さが $\theta - \varepsilon$ 以上の折れ線 $P_0 = \mathrm{A}, P_1, \cdots, P_{n-1}, P_n = \mathrm{B}$ を作ることができます．$\overparen{\mathrm{AB}}$ は外側に凸で，折れ線が $\triangle \mathrm{ABT}$ の内部にあり，小線分 AP_1, P_1P_2，$\cdots$，$P_{n-1}B$ は向きが単調です．これらは順序の公理を定式化して厳密に証明すべき事実ですが，一応直観に従います．

補助定理 15　$\triangle \mathrm{ABC}$ 内に点 P をとると $\mathrm{BP} + \mathrm{CP} < \mathrm{AB} + \mathrm{AC}$ である．

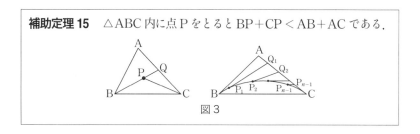

図3

証明　BP の延長と辺 AC との交点を Q とする(図3左)．2個の三角形 $\triangle \mathrm{CPQ}$，$\triangle \mathrm{ABQ}$ について

$$CQ+PQ > CP, \quad QA+AB > BQ = BP+PQ \tag{14}$$

である．両者を加えて $CQ+QA = AC$ に注意すると所要の不等式を得る．□

ここでちょっと脱線します．補助定理 15 は一見自明のようで証明も容易です．しかしかつてこれが数学検定 1 級に出題されたとき，大変な結果になりました．中学生／高校生らしい数名は，上述のようにあっさり綺麗に（そして完全に）解答していました．しかし他の大半の受検者（大学生ないし社会人）は，図 4 左のような補助線を引いて，無雑作に $AB > PB$ かつ $AC > PC$ としていました（その証明もどきもありました）．この不等式が必ずしも成立しないことは，図 4 右を見ればわかります．「普通」の図ばかり描いていると，このような錯覚（早合点？）に陥りやすいのでしょうか？

なお 3 次元の四面体では類似の結果は必ずしも成立しません．末尾にその反例を補充しましたが，これも誤り易い点です．

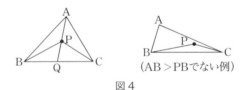

図 4

系 16 三角形 ABC の内部に，A の方向に凸の折れ線 $BP_1, P_1P_2, \cdots, P_{n-2}P_{n-1}, P_{n-1}C$ を作ると（図 3 の右），次の不等式が成立する．

$$BP_1 + P_1P_2 + \cdots + P_{n-2}P_{n-1} + P_{n-1}C < AB + AC \tag{15}$$

略証 線分 $BP_1, P_1P_2, \cdots, P_{n-2}P_{n-1}$ の延長と辺 AC との交点を順次 $Q_1, Q_2, \cdots, Q_{n-1}$ とする．折れ線が A 側に凸とは，交点 $Q_1, \cdots, Q_{n-1}$ が辺 AC 上にこの順に並ぶことを意味する．補助定理 15 と同様に順次

$$AB + AQ_1 > BQ_1 = BP_1 + P_1Q_1,$$
$$P_1Q_1 + Q_1Q_2 > P_1Q_2 = P_1P_2 + P_2Q_2, \cdots,$$

$$P_k Q_k + Q_k Q_{k+1} > P_k Q_{k+1} = P_k P_{k+1} + P_{k+1} Q_{k+1}, \cdots,$$
$$P_{n-1} Q_{n-1} + Q_{n-1} C > P_{n-1} C$$

が成り立つ．これらを加えて共通項を消去し，
$$AQ_1 + Q_1 Q_2 + \cdots + Q_{n-2} Q_{n-1} + Q_{n-1} C = AC$$
に注意して，不等式(15)を得る．□

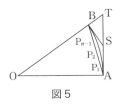

図5

本題に戻り，図5のようにBでの接線とATとの交点をSとすると∠SBT＝直角からST＞BS，AT＞AS+BSです．折れ線$AP_1 P_2 \cdots P_{n-1}B$は△ABS内でS側に凸であり，上述の系16からその長さの和＞$\theta - \varepsilon$はAS+BS＜ATより小です．ここで$\varepsilon \to 0$とすれば$\theta \leq$ AS+BS＜AT＝$\tan \theta$です．□

応募の中にはAS+SB＞$\overset{\frown}{AB}$と無雑作（？）に論じた（ないし類似の議論で済ませた）方がありました．それは結果的に正しいが，実はその証明がこの問題の最大の論点なのです．上記の証明はかなり技巧的ですが，純粋に曲線の長さの比較だけで不等式(12)を導きました．これと関連した発展もいくつかありました．

▶付記　四面体の場合の注意

3次元の四面体OABCの内部に点Pをとったとき
$$PA + PB + PC < OA + OB + OC \tag{16}$$
は（一見当然そうに見えるが）必ずしも成立しません．平面の三角形の場合とは大差があります．

設問 15

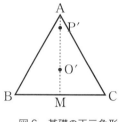
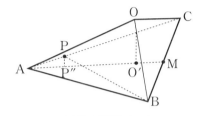

図 6 基礎の正三角形

図 7 四面体内の点 P で
AP+BP+CP > AO+BO+CO

　反例を作るには，まず図 6 のように，一辺 1 の正三角形 ABC とその中心 O′ をとります．そして P′ = A ととると

$$P'A + P'B + P'C = 2, \quad O'A + O'B + O'C = \sqrt{3} < 1.75 \quad (17)$$

であって，前者の和の方が大きくなります．但しこのままでは「潰れた四面体」ですが，修正して本当の四面体にします．頂点 O を，中心 O′ を $1/4\sqrt{3}$ だけ底面から持ち上げて，平べったい正三角錐を作ります．そのとき

$$OA = OB = OC = \sqrt{17}/4\sqrt{3},$$
$$OA + OB + OC = \sqrt{51}/4 < 1.8 \quad (18)$$

です．他方点 P″ を，△ABC の中線（対称軸）AM 上に AP″ = 1/20 ととれば，余弦定理により

$$BP'' = CP'' = 1 + \left(\frac{1}{20}\right)^2 - \frac{\sqrt{3}}{20} > 0.91 > 0.95^2$$

となり

$$AP'' + BP'' + CP'' > 2 \times 0.95 = 1.9 \quad (19)$$

が成立します．点 P″ を △ABC の面に垂直に 1/100 だけ持ち上げた点 P は四面体 OABC の内部にあり，(18), (19) から

$$PA + PB + PC > 1.9, \quad OA + OB + OC < 1.8$$

となります．このとき不等式 (16) は成立しません．□

　以上は一例で，他にもいろいろと反例ができます．4 次元以上の単体では，なおさら同様の不等式は成立しません．一見当然のようで実は正しくない命題の実例でしょう．

設問の解答・解説

━━━━━ 設問 **16** ━━━━━

収束の遅いブロムウィッチの級数

$$1-\frac{1}{\sqrt{2}}+\frac{1}{\sqrt{3}}-\frac{1}{\sqrt{4}}+\cdots = \sum_{n=1}^{\infty}\frac{(-1)^{n-1}}{\sqrt{n}} \tag{13}$$

の和を，少なくとも小数点以下4桁求める加速法の探求が課題でした．

本文で述べたオイラー変換をそのまま直接に使うこともできますが，それには十数項を要します．最初の6項の和を直接に数値計算すると部分和は0.4092088です．それ以降の級数にオイラー変換を適用すると，逐次の差分は次ページの表のとおりです．

4桁程度ならこの表の範囲で十分です．オイラー変換の補正量 $\sum_{k=0}^{m}\frac{(-1)^k}{2k+1}\Delta_6^k$ は正項級数になり，$m=5$ までで0.1956893となります．前の部分和と合わせて

$$0.6048981 \implies 四捨五入して 0.6049$$

となりました．この値はまだ少し過小です．T氏は10桁を計算して0.604899906を得ています．オイラー変換を使うとすれば，このあたりで切るのがよいようです．

K氏はクノップの教科書を引用して解説を補充して下さいました．H氏は他にライプニッツの級数に適用して $\pi/4$ の近似値を小数点以下7桁正しく求めていました．S氏は積分 $\int\frac{1}{2}x^{-\frac{3}{2}}dx$ による近似を工夫して0.604805を得ています．いずれも御努力の様子をうかがうことができました．応募者全員に感謝申します．

単なる数値計算であり，他にもさらにいろいろと工夫ができそうですが，当面この程度で一応の解答とします．

255

設問 17

表　級数 (13) の 7 項以下の差分表

Δ^0	Δ^1	Δ^2	Δ^3	Δ^4	Δ^5
0.3779644					
	-0.0244111				
0.3535533		0.0041911			
	-0.0202200		-0.0010767		
0.3333333		0.0031144		0.0003515	
	-0.0171056		-0.0007252		-0.0001353
0.3162277		0.0023892		0.0002162	
	-0.0147164		-0.0005090		-0.0000762
0.3015113		0.0018802		0.0001400	
	-0.0128362		-0.0003690		-0.0000461
0.2886751		0.0015112		0.0000939	
	-0.0113250		-0.0002751		
0.2773501		0.0012361			
	-0.0100889				
0.2672612					

▶付記　本文 2 節の末尾で述べた等式

$$1-\frac{1}{2}+\frac{1}{3}-\frac{1}{4}+\cdots+\frac{1}{2m-1}-\frac{1}{2m}=\frac{1}{m+1}+\frac{1}{m+2}+\cdots+\frac{1}{2m} \quad (1)$$

の証明は，以下のように m に関する数学的帰納法によるのが最も早いと思います．$m=1,2$ のときはそれぞれ

$$1-\frac{1}{2}=\frac{1}{2}, \quad 1-\frac{1}{2}+\frac{1}{3}-\frac{1}{4}=\frac{7}{12}=\frac{1}{3}+\frac{1}{4}$$

であり，確かに成立します．m のとき正しいとすると，$m+1$ の場合は (1) の左辺，右辺にそれぞれ

$$\frac{1}{2m+1}-\frac{1}{2m+2}, \quad \frac{1}{2m+1}+\frac{1}{2m+2}-\frac{1}{m+1} \quad (2)$$

を加えた値です．しかし (2) の両式は

$$\frac{1}{2m+2}+\frac{1}{2m+2}=\frac{2}{2m+2}=\frac{1}{m+1}$$

なので相等しい；したがって同じ値を加えて，(1) が $m+1$ の場合にも成立します．□

━━━━━ 設 問 17 ━━━━━

$\sin(\cos x)$ と $\cos(\sin x)$ との大小比較の問題で，答はつねに

$$\cos(\sin x) > \sin(\cos x) \quad (1)$$

です.

両関数とも周期 2π でかつ偶関数ですから, $0 \leqq x \leqq \pi$ の範囲を考えれば十分です. $-\pi/2 < -1 \leqq \sin x \leqq 1 < \pi/2$ から, $\cos(\sin x)$ はつねに正ですが, $\pi/2 \leqq x \leqq \pi$ では $\sin(\cos x) < 0$ なので当然 (1) が成立します. したがって $0 \leqq x \leqq \pi/2$ の範囲だけを考えれば十分です. この範囲で両関数とも正で**減少**です.

数学検定に出題されたとき, ラジアンと度を混同して

$$\cos(\sin x) \geqq \cos(1°) > 0.9 > 0.1 > \sin(1°) \geqq \sin(\cos x) \qquad (2)$$

といった形の誤答が予想外に多数でした. もちろんここで $\cos(1)$, $\sin(1)$ はラジアン単位の値であり, $\cos(1) < \sin(1)$ なので, (2) のようにあっさりとは済みません. それでも不等式

$$\cos(\sin x) > \sin(1) \quad \text{または} \quad \sin(\cos x) < \cos(1) \qquad (3)$$

が成立する範囲では (1) が成立します. (3) で等号が成立する値をそれぞれ x_1, x_2 とすると, $\sin x_1 = (\pi/2) - 1$, $\cos x_2 = (\pi/2) - 1$. ($x_1 + x_2 = \pi/2$; $x_1 \fallingdotseq 0.60\,475$) であり, $0 \leqq x \leqq x_1$, $x_2 \leqq x \leqq \pi/2$ では (1) が成立します. さらにコンピュータで計算すると

$$\sin(\cos x_1) \fallingdotseq 0.7319 < \cos(1/\sqrt{2}) \fallingdotseq 0.7602$$

$$\sin(1/\sqrt{2}) \fallingdotseq 0.6496 < \cos(\sin x_2) \fallingdotseq 0.6814$$

なので, $x_1 \leqq x \leqq \pi/4$, $\pi/4 \leqq x \leqq x_2$ の各区間でそれぞれ (1) が成立し, $0 \leqq x \leqq \pi/2$ 全体で (1) が正しいことがわかります.

以上は少々禁手ですが, $\pi/6 < x_1 < \pi/4 < x_2 < \pi/3$ は容易にわかるので, この範囲をさらに細かく分けて両関数を評価する (本文で求めた $3°$ の整数倍の三角比の表を活用するのもよい) ことにより, この形でつねに $\cos(\sin x) > \sin(\cos x)$ を示すことができます.

しかし以上は正しいけれども, あまりうまい解法ではありません. 両者の中間に $\cos x$ を挟めば, 以下のように直接簡単に証明できます.

$$\cos(\sin(0)) = \cos 0 = 1 > \sin(\cos(0)) = \sin 1,$$

$$\cos(\sin(\pi/2)) = \cos 1 > 0 = \sin(\cos(\pi/2)) = \sin 0.$$

から $0 < x < \pi/2$ について示せばよい. このときには $0 < \sin x < x < \pi/2$ だから $\cos(\sin x) > \cos x$ である. 他方 $0 < \cos x = u < 1$ により

257

$\sin u < u$，すなわち $\sin(\cos x) < \cos x$ である．両者を併せれば $\cos(\sin x) > \sin(\cos x)$ を得る．□

残念ながら，数学検定の折にこのような「名答」はなかったようです．しかし今回の設問では，ほとんどの方が $\cos x$ を中間に挟んであっさり証明していました．コンピュータによるグラフを添付した方もありました．そうと気づけば易しい問題でした．

なお，うっかりしていましたが，1974 年の神戸大学の入学試験に，この問題がヒントつきで出題されているという資料を，H 氏が添付して送って下さいました．御注意に感謝します．

▶付記　$18°$，$36°$ の三角比

一辺長が 1 の正五角形 ABCDE の対角線長が黄金比 $\tau = (\sqrt{5}+1)/2$ に等しいことを既知とします．このとき △ABE，△ACD に余弦定理を適用して

$$\cos(108°) = -\sin(18°) = \frac{1}{2}(1+1-\tau^2) = \frac{1-\sqrt{5}}{4}$$

$$\cos(36°) = \frac{1}{2\tau^2}(\tau^2+\tau^2-1) = \frac{1+\sqrt{5}}{4}$$

を得ます．これから次のように計算ができます．

$$\sin(18°) = \frac{\sqrt{5}-1}{4} = \frac{\tau^{-1}}{2}, \quad \cos(18°) = \sqrt{1-\frac{\tau^{-2}}{4}} = \frac{\sqrt{10+2\sqrt{5}}}{4}$$

$$\cos(36°) = \frac{\sqrt{5}+1}{4} = \frac{\tau}{2}, \quad \cos(36°) = \sqrt{1-\frac{\tau^2}{4}} = \frac{\sqrt{10-2\sqrt{5}}}{4}$$

もちろん以上は一例です．正五角形を活用しても他にもいろいろと工夫ができます．

◀━━━━━━━━━━ 設 問 18 ━━━━━━━━━━▶

単位球面に内接する正二十面体の 12 個の頂点の標準座標[1]と，それらが等重で 5 次のよい配置であることの証明[2]が課題でした．

設問の解答・解説

以下式番号は本文からの通し番号にします.

1. まず標準座標を求めます. 極座標 (θ, ϕ) をとり, 2頂点を北極 P と南極 P'($\theta = 0$ と π, ϕ は無定義) にとります. 残りの頂点は5点ずつ $\theta = \alpha$, $\pi - \alpha$ の平面上にあって正五角形を作ります. その一点 A を $\theta = \alpha$, $\phi = 0$ に, 隣点の一つ B を $\theta = \pi - \alpha$, $\phi = \pi/5$ (36°) にとると, 原点 O からのベクトルの内積について

$$\overrightarrow{OP} \cdot \overrightarrow{OA} = \cos\alpha,$$
$$\overrightarrow{OA} \cdot \overrightarrow{OB} = \sin^2\alpha \cdot \cos(\pi/5) - \cos^2\alpha \tag{8}$$

が相等しいことから, 未知数 $t = \cos\alpha$ に関する2次方程式

$$t + t^2 = (\tau/2)(1 - t^2), \quad \tau = (\sqrt{5} + 1)/2 \tag{9}$$

を得ます. (9)を整理すると

$$\sqrt{5}\, t^2 + (\sqrt{5} - 1)\, t - 1 = 0$$
$$\Longrightarrow (t + 1)(\sqrt{5}\, t - 1) = 0$$

となりますが, $t > 0$ から $t = \cos\alpha = 1/\sqrt{5}$ が所要の解です. P, P' 以外の10頂点は $\cos\alpha = 1/\sqrt{5}$, $\sin\alpha = 2/\sqrt{5}$ として, 5点ずつがそれぞれ

$$\theta = \alpha, \qquad \phi = k\pi/5, \qquad k = 0, 1, 2, 3, 4$$
$$\theta = \pi - \alpha, \quad \phi = (2k+1)\pi/10, \quad k = 0, 1, 2, 3, 4 \tag{10}$$

の形に表されます. これが[1]の解です.

2. x, y 平面上の単位円に内接する正五角形の頂点を $A_1, \cdots, A_5$ とし, 関数 $f(x, y)$ に対し頂点での値 $f(A_i)$ の和を $S(f)$ とおくと, 次の値が計算できます:

$$S(x^2) = S(y^2) = 5/2, \ S(x^4) = S(y^4) = 15/8$$
$$S(x^2 y^2) = 5/8, \tag{11}$$
$$S(x) = S(y) = S(x^3) = S(y^3) = 0$$

これらは(10)のように標準化した位置では直接代入して計算できますが, 次のように複素変数 $\zeta = x + iy$ を活用すると, 等式

259

$$0 = S(\zeta^2) = S(x^2 - y^2) + 2iS(xy), \quad S(x^2 + y^2) = 5$$
$$0 = S(\zeta^4) = S(x^4 + y^4 - 6x^2y^2) + 4iS(x^3y - xy^3),$$
$$S(x^4 + y^4 + 2x^2y^2) = S((x^2 + y^2)^2) = 5,$$
$$S(x^4 - y^4) = S((x^2 + y^2)(x^2 - y^2)) = S(x^2 - y^2) = 0$$

からも計算できます. 奇数乗の項も同様です.

これから正二十面体の 12 個の頂点に等重 1/12 をつけた積和を作ると次のようになります(I, J は本文の記号を使用).

$$J(1) = 1 = I(1),$$
$$J(x^2) = \frac{2}{12} \times S(x^2) \times \sin^2\alpha = \frac{1}{3} = I(x^2)$$
$$J(z^2) = \frac{1}{12}\left(2 + \frac{10}{5}\right) = \frac{1}{3} = I(z^2),$$
$$J(z^4) = \frac{1}{12}\left(2 + \frac{10}{25}\right) = \frac{1}{5} = I(z^4)$$
$$J(x^4) = \frac{2}{12} \times S(x^4) \times \left(\frac{4}{5}\right)^2 = \frac{1}{5} = I(x^4)$$
$$J(x^2y^2) = \frac{2}{12} \times S(x^2y^2) \times \left(\frac{4}{5}\right)^2 = \frac{1}{15} = I(x^2y^2)$$
$$J(x^2z^2) = \frac{2}{12} \times \frac{5}{2} \times \frac{4}{5} \times \frac{1}{5} = \frac{1}{15} = I(x^2z^2),$$

$$(y^2, y^4, y^2z^2 \text{ は } x \text{ の場合と同様})$$

さらに全体が中心点 O について点対称なので, 奇数次の項はすべて $0 = 0$ の形で $I(f) = J(f)$ となり, 全体として 5 次の良い配置になります. 応募者はどなたも大体上記のような計算をしていました. この節が [2] の解答です.

3. 以下の話題はつけたしの発展的な内容なので, 要点を簡単に記します. 6 次式に対して計算した結果は前述の記号で次のとおりです.

$$S(x^6) = S(y^6) = 25/16, \quad S(x^4y^2) = S(x^2y^4) = 5/16$$
$$I(x^6) = I(y^6) = I(z^6) = 1/7, \quad I(x^4y^2) = 1/35$$
$$I(x^2y^2z^2) = 1/105.$$

これに対して正二十面体の頂点での積和を便宜上 J で表すと

$$J(x^6) = J(y^6) = 2/15, \quad J(z^6) = 13/75,$$
$$J(x^4 y^2) = J(x^2 y^4) = 2/75,$$
$$J(x^4 z^2) = J(y^4 z^2) = 1/25,$$
$$J(x^2 z^4) = J(y^2 z^4) = 1/75,$$
$$J(x^2 y^2 z^2) = 1/75.$$

となります. 点の配置が面対称でなく, x, y と z に対する値の相異にご注意下さい.

4. 他方正十二面体をその**相反的位置**, すなわち前述の正二十面体が面の中心の方向になるように頂点をとると, 頂点 5 個ずつが 4 枚の平面 $\theta = \beta, \gamma, \pi - \gamma, \pi - \beta$ の上に載ります. β, γ の具体的な値は, 前述の正二十面体から計算して次の通りですが, 直接にも計算できます.

$$\tan\beta = 3 - \sqrt{5}, \ \cos\beta = \sqrt{\frac{5 + 2\sqrt{5}}{15}}, \ \sin\beta = \sqrt{\frac{10 - 2\sqrt{5}}{15}}$$
$$\tan\gamma = 3 + \sqrt{5}, \ \cos\gamma = \sqrt{\frac{5 - 2\sqrt{5}}{15}}, \ \sin\gamma = \sqrt{\frac{10 + 2\sqrt{5}}{15}}.$$

全頂点の重みを $1/20$ にした正十二面体に対する積和を J' で表すとき, 4 次までの偶関数 $f = 1, x^2, y^2, z^2, x^4, y^4, z^4, x^2 y^2, x^2 z^2, y^2 z^2$ すべてについて, $J'(f) = I(f)$ が確かめられ, これも 5 次のよい配置です. さらに正十二面体の頂点に対する 6 次式に関する値は次の通りです.

$$J'(x^6) = J'(y^6) = 4/27, \quad J'(z^6) = 17/135$$
$$J'(x^4 y^2) = J'(x^2 y^4) = 4/135,$$
$$J'(x^4 z^2) = J'(y^4 z^2) = 1/45,$$
$$J(x^2 z^4) = J'(y^2 z^4) = 1/27,$$
$$J(x^2 y^2 z^2) = 1/135.$$

です. 両者の重みつき平均をとり, 上述の諸種の 6 次式 f について

$$\lambda I(f) + (1 - \lambda) J'(f) = I(f)$$

261

とおくと（独立でない）6個の方程式ができます．幸いそのすべてが $\lambda = 5/14$（5:9 の比）のときに満足されます．結論として正二十面体の頂点 12 個と相反的位置にある正十二面体の頂点 20 個にそれぞれ重み $5/168$ と $9/280$ を付けると，全体として 7 次のよい配置になります．ただ複雑な無理数が多く，数値計算の実用価値は薄いでしょう．

5. 近年では数値積分に関しては，ある関数空間（の範囲，例えばノルムが 1 以下）$\mathcal{F}$ を定め，$f \in \mathcal{F}$ に対する積分と積和 $\sum_{k=1}^{m} a_k f(\mathrm{P}_k)$ との差の絶対値の最大値を最小にするように配置 $\{\mathrm{P}_k\}$ と重み $\{a_k\}$ とを定める，という方向の研究が主流です．これは上述とは別の興味深い課題です．「球面上のよい配置」について，本話では古典的な正多面体にこだわりました．しかし近年では数値積分の立場で，「N 個の点配列 X で斉重の平均値 ＝ 正規化された積分値」が m 次以下の多項式について成立するような集合 X が重要な研究対象になっています．$\mathbb{R}^3$ 内の S^2 上でそのような X の点数 N は，m^2 のオーダーの点数を要することが予想されていましたが，2011 年に少なくとも $m \leqq 100$ の範囲では $N = (m+1)^2$ 個で可能なことが証明されました．これを「現代数学」の小さなニュースとして，追加報告します．

———————————— **設 問 19** ————————————

区間 $(-1, 1)$ で $x(1-x)$ を重みとするロバットの直交多項式系に関する問題でした（下記）．

以下式番号は本文からの通り番号にしました．

[1] 3 次式 $p_3(x)$ の直接計算です．少し工夫してみましょう．中央の $x = 1/2$ に対して反対称な 3 次式 $(2x-1)[ax(1-x)-1]$（定数項を 1 と標準化）とおけば，0 次の 1 と 2 次の $5x^2-5x+1$ とは自然に直交し，1 次

の $2x-1$ との直交条件により，未定係数 a を定めるだけで済みます．その条件は

$$0 = \int_0^1 x(1-x)(2x-1)^2 [ax(1-x)-1]dx$$

$$= \int_0^1 X(1-4X)(aX-1)dx \qquad (X = x(1-x) \text{ とおく})$$

$$= \int_0^1 [-X+(a+4)X^2-4aX^3]dx \qquad (15)$$

です．本文に述べたベータ関数の公式 (12) から

$$(15) = -\frac{1}{6} + \frac{1}{30}(a+4) - \frac{a}{35}$$

$$= -\frac{1}{30} + \frac{a}{210} = 0$$

すなわち $a=7$ となり，所要の関数は

$$(2x-1)(7x-7x^2-1) = -(14x^3-21x^2+9x-1) \qquad (16)$$

です．定数倍を無視して負号を除いても構いません．

ノルムを計算すると，その 2 乗は

$$\int_0^1 (2x-1)^2 [1-7x(1-x)]^2 x(1-x)dx$$

$$= \int_0^1 (X-18X^2+105X^3-196X^4)dx \quad (X = x(1-x))$$

$$= \frac{1}{6} - \frac{3}{5} + \frac{3}{4} - \frac{14}{45} = \frac{1}{180}$$

です．正規化すると $p_3(x) = \sqrt{180}\,(2x-1)(7x^2-7x+1)$ です．

一般に $p_n(x)$ を整数係数で，定数項を ± 1 と標準化したときのノルムの 2 乗は $1/[(n+1)(n+2)(2n+3)]$ となります．

[2] $p_n(x)$ についてロドリーグ型の表現式 (本文の式 (13)) を求める問題です．結果的には $n > m \geqq 0$ として，関数の直交性

$$\int_0^1 x(1-x)\frac{d^{n+2}}{dx^{n+2}}[x(1-x)]^{n+1} \times \frac{d^{m+2}}{dx^{m+2}}[x(1-x)]^{m+1}dx = 0 \qquad (17)$$

を示すことになります．以下記法を簡略化するために，微分演算子を $d/dx = D$, $x(1-x) = X$ とおきます．$X(0) = X(1) = 0$ ですが，次の

性質に注意します.

補助定理9　$0 \leq k < l$ なら $D^k X^l$ は $x = 0, 1$ で 0 になる.

証明　X^l は $2l$ 次の多項式で x^l から始まるから, $D^k X^l$ は x^{l-k} から x^{2l-k} の項からなり, $l - k > 0$ だから $x = 0$ で 0 になる. $x = 1/2$ について対称または反対称なので, $x = 1$ でも 0 になる. あるいは $X^l = x^l (1-x)^l$ の k 階導関数にライプニッツの公式を適用すれば, $l > k$ なら残る項はすべて $x(1-x)$ を含み, $x = 0$ と 1 とで 0 になる. □

さて (17) の左辺で $D^{n+2} X^{n+1}$ の項を積分, 他の項を微分する部分積分を施すと, (19) の左辺は

$$D^{n+1} X^{n+1} \cdot X D^{m+2} X^{m+1} \Big|_0^1 - \int_0^1 D^{n+1} X^{n+1} \cdot D(X \cdot D^{m+2} X^{m+1}) dx$$

となるが, 第1項は $X(1) = X(0)$ なので 0 になる. 以下まとまった項を $X \cdot D^{m+2} X^{m+1} = Y$ とおくと, これは $(m+2)$ 次多項式である. 再度同様の部分積分により, 同じ式は

$$-D^n X^{n+1} \cdot D(Y) \Big|_0^1 + \int_0^1 D^n X^{n+1} \cdot D^2(Y) dx$$

に等しい. この第1項は補助定理9により 0 になる. 以下同様に (厳密には数学的帰納法) $1 \leq k \leq n+2$ に対して同様の式は

$$(-1)^k \int_0^1 D^{n-k+2} X^{n+1} \cdot D^k(Y) dx \tag{18}$$

だが, $n > m$ なので $k = m+3$ ととることができる. そのとき Y は $m+2$ 次多項式であり, $D^{m+3}(Y) = 0$ だから $(18) = 0$ となって証明できた.
□

ここで $n = 3$ として $D^5 X^4$ を計算すると

$$D^5 X^4 = 480(14x^3 - 21x^2 + 9x - 1)$$
$$= 480(2x-1)(7x^2 - 7x + 1)$$

となり，定数倍を除いて式 (16) と一致します．

[3] これは偶然に気づいた結果です．

$D^n[x^{n+1}(1-x)^{n+1}] = x(1-x)\varphi_n(x)$（本文の式 (14)），$\varphi_n(x)$ は n 次多項式，と置くことができます．これが $(n-1)$ 次以下の任意の多項式 $q(x)$ と直交することが課題です．その内積は

$$\int_0^1 x(1-x)\varphi_n(x)q(x)dx = \int_0^1 \frac{d^n}{dx^n}[x^{n+1}(1-x)^{n+1}]q(x)dx \qquad (19)$$

です．これを部分積分すると

$$(19) = \frac{d^{n-1}}{dx^{n-1}}[x^{n+1}(1-x)^{n+1}]\Big|_0^1 - \int_0^1 \frac{d^{n-1}}{dx^{n-1}}[x^{n+1}(1-x)^{n+1}]q'(x)dx$$

ですが，第 1 項は 0 です．同様に反復して（厳密には数学的帰納法で）$k = 1, 2, \cdots, n$ に対し

$$(19) = (-1)^k \int_0^1 \frac{d^{n-k}}{dx^{n-k}}[x^{n+1}(1-x)^{n+1}]q^{(k)}(x)dx \qquad (20)$$

となります．ここで $k = n$ とすれば $q^{(n)}(x) = 0$ なので $(19) = (20) = 0$ です．このような多項式 $\varphi_n(x)$ はグラム・シュミットの直交化で構成した $p_n(x)$ の定数倍に限ります．そして $\varphi_n(x)$ の最高次の係数は $(-1)^{n+2}(2n+2)!/(n+2)!$ であり，本文 (13) の多項式（D^{n+2} を施したもの）は $(-1)^{n+1}(2n+2)!/n!$ ですから，$\varphi_n(x)$ は後者の $-1/(n+1)(n+2)$ 倍になります．定数倍を無視すれば両者は一致します． □

色々と計算の工夫があり，上述はその一例とみて下さい．応募中には少数ながら途中で計算を誤った不運な方がありました．

設 問 20

指数関数 $e^x = \sum x^n/n!$ について，(n, n) パデ近似の具体形を求める問題でした．難問だったらしく解答者は少数でした．

265

設問 20

$$a_k^{(n)} = \binom{n}{k} \Big/ \binom{2n}{k} k! = \frac{(2n-k)!\,n!}{(n-k)!\,k!\,(2n)!}\;;\; a_0^{(n)} = 1 \qquad (6)$$

とおくとき，次の和を証明するのがこの主題です．

以下式番号は本文からの通し番号にします．

$$\sum_{k=1}^{n} (-1)^k a_k^{(n)} \frac{1}{(m-k)!} = \begin{cases} m \leqq n & \text{なら } a_m^{(n)} \\ n < m \leqq 2n & \text{なら } 0 \end{cases} \qquad (7)$$

これから有理式 $\sum_{k=0}^{n} a_k^{(n)} x^k \Big/ \sum_{k=0}^{n} (-1)^k a_k^{(n)} x^k$（本文の式(3)）が e^x の (n, n) パデ近似式になります．

(7)の証明 (7)の項を変形して

$$(-1)^k \frac{a_k^{(n)}}{(m-k)!} = \frac{n!\,n!}{m!\,(2n)!} \binom{m}{k} \left[(-1)^k \binom{2n-k}{k}\right]$$

とし，末尾の[ ]内を一般化二項係数により

$$\frac{(-1)^n}{(n-k)!}(-n-1)(-n-2)\cdots[-n-(n-k)] = (-1)^n \binom{-n-1}{k}$$

と表現する．ここで定数 $(-1)^n (n!)^2/m!\,(2n)!$ をくくり出すと，他の項の和は（負の整数の階乗の逆数は 0 として）

$$\sum_{k=0}^{m} \binom{m}{k}\binom{-n-1}{n-k} \qquad (8)$$

となる．(8)は $(1+x)^m (1+x)^{-n-1} = (1+x)^{m-n-1}$ を展開整理したときの x^n の係数に等しい．$0 \leqq m \leqq n$ なら $1/(1+x)^{n+1-m}$ の展開式での x^n の係数は

$$\binom{m-n-1}{n} = \frac{(m-n-1)(m-n-2)\cdots(m-n-n)}{n!}$$

$$= (-1)^n \frac{(2n-m)!}{n!\,(n-m)!}$$

である．くくり出した定数との積はちょうど

$$\frac{(2n-m)!\,n!}{(n-m)!\,m!\,(2n)!} = a_m^{(n)}$$

になる．$n < m \leqq 2n$ ならば $(1+x)^{m-n-1}$ は $0 < m-n-1 < n$ 次多項式なので，x^n の係数は 0 である．□

さらに $m = 2n+1$ のときは，$(1+x)^{m-n-1} = (1+x)^n$ の x^n の係数が 1

なので，剰余項の最初にあたる (7) の和 $(x^{2n+1}$ の係数$)$ は

$$\frac{(-1)^n (n!)^2}{(2n)!\,(2n+1)!} = \pm 1 \Big/ \left[\binom{2n}{n}(2n+1)!\right] \tag{9}$$

です．これはテイラー展開を x^{2n} で切ったときの剰余項の係数 $1/(2n+1)!$ のおよそ 4^{-n} 倍です．このことは同じく $2n$ 個の係数でも，(n,n) パデ近似のほうが，テイラー級数の初めの $2n$ 項よりも，ずっと精度が高いことを意味します．

────────── 設 問 21 ──────────

便宜上 $\alpha_n = \left(1+\dfrac{1}{n}\right)^{n+1}$，$\beta_n = \left(1+\dfrac{1}{n}\right)^{n}$ とおくときに，e に関する本文での評価式

$$\sqrt{\alpha_n \beta_n} = \left(1+\frac{1}{n}\right)^{n+\frac{1}{2}} < e + \frac{e}{2n(n+1)} \tag{13}$$

の改良が主題でした．

T 氏は (13) の後の項を $e/2(n+1)^2$ としましたが，もっと改良できます．最も簡単なのは**モローの不等式**自体$($本文の番号で$)$

$$\frac{e}{2n+2} < e - \beta_n < \frac{e}{2n+1} \tag{1}$$

$$\frac{e}{2n+1} < \alpha_n - e < \frac{e}{2n} \tag{2}$$

を活用することでしょう．(1) の負をとりそれを

$$-\frac{e}{2n+2} > \beta_n - e > -\frac{e}{2n+1} \tag{1*}$$

と変形し，(2) を加えて半分にすると相加平均の評価式

$$0 < \frac{\alpha_n + \beta_n}{2} - e < \frac{e}{2}\left(\frac{1}{2n} - \frac{1}{2n+2}\right) = \frac{e}{4n(n+1)} \tag{15}$$

を得ます．以下式の番号は本文の続きとします．

相乗平均 ＜ 相加平均なので，これから

267

$$\sqrt{\alpha_n \beta_n} - e < e/4n(n+1) \qquad (15')$$

と改良できました．さらに (2) と (1*) とを

$$\alpha_n < e\frac{2n+1}{2n}, \ \beta_n < e\frac{2n+1}{2n+2}$$

と変形して積をとると，$\sqrt{1+t} < 1+(t/2)$ $(t>0)$ により

$$\alpha_n \beta_n < e^2 \frac{(2n+1)^2}{2n(2n+2)} = e^2 \Big(1 + \frac{1}{4n(n+1)}\Big)$$

$$\Rightarrow \sqrt{\alpha_n \beta_n} < e\sqrt{1 + \frac{1}{4n(n+1)}} < e\Big(1 + \frac{1}{8n(n+1)}\Big)$$

$$\Rightarrow \sqrt{\alpha_n \beta_n} - e < e/8n(n+1) \qquad (16)$$

とさらに改良されます．数値例を見ると (15) はほぼ限界，(16) もかなり実際に近くなります．数値的には，後者は分母の係数を 12 にした不等式が限度のようです．$n = 1/x$ としてテイラー展開すると，この項が $x^2/12$ となります．

もちろん n^2 のオーダーは不変で，係数を少し小さくしただけの，「重箱の隅をつつく」ような小手先の技巧ですが，e に近づく近似列として一考の余地があります．

モローの不等式の別証

モローの不等式自体も，n が十分大な場合に限れば $1/n = x$ のテイラー展開から直接に証明できます．但し以下のは私自身の考えです．

(1) を，本文 3 節でのように

$$e\frac{2n}{2n+1} < \alpha_n = \Big(1 + \frac{1}{n}\Big)^n < e\frac{2n+1}{2n+2} \qquad (1')$$

と変形し，n を連続変数にして $n = 1/x$ $(0 \leqq x \leqq 1)$ として対数をとり，その各関数を順次 $\varphi_1(x), \varphi_2(x), \varphi_3(x)$ とおきます．x に関するテイラー（マクローリン）展開をすると，3 個の関数それぞれが，次のようになります．

設問の解答・解説

$$\varphi_1(x) = 1 - \log\left(1 + \frac{x}{2}\right) = 1 - \frac{x}{2} + \frac{x^2}{8} - \frac{x^3}{24} + \cdots$$

$$\varphi_2(x) = \frac{1}{x}\log(1+x) = 1 - \frac{x}{2} + \frac{x^2}{3} - \frac{x^3}{4} + \cdots$$

$$\varphi_3(x) = 1 + \log\left(1 + \frac{x}{2}\right) - \log(1+x)$$

$$= 1 - \frac{x}{2} + \frac{3}{8}x^2 - \frac{7}{24}x^3 + \cdots$$

いずれも符号が交互に正負で，係数の絶対値が単調減少するので，x が正で十分小さければ以下の不等式

$$\varphi_1(x) < 1 - \frac{x}{2} + \frac{x^2}{8},$$

$$\varphi_3(x) > 1 - \frac{x}{2} + \frac{3}{8}x^2 - \frac{7}{24}x^4,$$

$$1 - \frac{x}{2} + \frac{x^2}{3} - \frac{x^3}{4} < \varphi_2(x) < 1 - \frac{x}{2} + \frac{x^2}{3}$$

が成立します．共通項 $1 - (x/2)$ を除くと，所要の不等式は次のようになります．

$$\frac{x^2}{8} < \frac{x^2}{3} - \frac{x^3}{4} \quad \text{なら} \quad \varphi_1(x) < \varphi_2(x) \tag{17}$$

$$\frac{x^2}{3} < \frac{3}{8}x^2 - \frac{7}{24}x^3 \quad \text{なら} \quad \varphi_2(x) < \varphi_3(x) \tag{18}$$

(17)，(18) の仮定はそれぞれ $x < 5/6$，$x < 1/7$ で成立するので，$n \geqq 7$ $(1/x \leqq 1/7)$ なら $\varphi_1 < \varphi_2 < \varphi_3$ となります．もし必要なら $n \leqq 6$ については，直接数値的に (1') を検証することが可能です．

例えば，$n = 1$ のときは，所要の式は

$$\frac{2}{3} < \frac{e}{4} < \frac{3}{4}$$

ですが，これは正しい式です．

もう少し詳しく調べると以下のようになります．左側は

$$\varphi_1(x) = 1 + \sum_{k=1}^{\infty} \frac{(-1)^k x^k}{k \cdot 2^k}, \quad \varphi_2(x) = 1 + \sum_{k=1}^{\infty} \frac{(-1)^k 2^k}{k+1}$$

ですから，両者の差をとると次のようになります．

$$\varphi_2(x) - \varphi_1(x) = \sum_{k=1}^{\infty} \frac{(-1)^{k-1}[k \cdot 2^k - (k+1)]x^k}{k(k+1)2^k} \tag{19}$$

269

この分子の [ ] 内は，$k=1$ のとき 0，$k \geqq 2$ では正で単調増加であり，(19) で x^k の係数の絶対値は単調減少です．したがって $0<x<1$ のとき

$$(19) = \frac{5}{8}x^2 - \frac{5}{24}x^3 + \frac{59}{320}x^4 - \cdots\cdots > 0,$$

すなわち $\varphi_2(x) > \varphi_1(x)$ です．

右側の不等式は，$\log(1+x)$ を移項して

$$\left(1+\frac{1}{x}\right)\log(1+x) = 1 + \sum_{k=1}^{\infty}\frac{(-1)^{k-1}x^k}{k(k+1)}$$

と $1+\log\left(1+\dfrac{x}{2}\right) = 1-\varphi_1(x)$ とを比較したほうがよいでしょう．後者から前者を引くと，共通項 $1+(x/2)$ が消えて

$$差 = \sum_{k=1}^{\infty}\frac{(-1)^k[2^k-(k+1)]x^k}{2^k k(k+1)} = \frac{x^2}{24} - \frac{x^3}{24} + \frac{11x^4}{320} - \frac{13x^5}{480} + \cdots = (20)$$

です．x の項が消え，符号が交互に正負で，係数の絶対値が単調減少なので，$0<x<1$ において $(20)>0$，したがって $\varphi_2(x)<\varphi_3(x)$ という所要の不等式を得ます．□

このように考えれば，x が大きい（n が小さい）場合を別扱いにしなくても済みます．いずれも最初の共通項 $1-(x/2)$ が消えて，差が x^2 の項から始まるので，かなりきわどい不等式です．微分法によって証明するとき，2 回微分する必要があったのもうなづけます．

あとがき

　以上で『創作数学演義』の続篇（第2巻）を終ります．前著と同様に「創作」は少々「誇大表示」ですが，お許し下さい．数学検定から多くの題材を採りましたが，それは私の身近の材料だったという意味です．

　本書の原稿をまとめた後に，いくつか関連する話題を知ることができました．そのうち重要と思った内容を，関連する話の末尾に「校正の折に追加」として補充した個所がいくつかあります．

　私事ですが，満93歳を迎えて本書を刊行することができたのを，好運と思っております．はしがきにも記しましたが，熱心に応募下さり，色々と興味ある結果を御教示下さった方々に，改めて感謝の意を表するとともに，そのお名前を伏せた（記号化した）ことをお許し下さい．

2019年3月　　著者しるす

索　引

■ A ～ Z・記号

E 数　39, 223

(n, m) 型パデ近似　195

（Ⅰ）型　16

（Ⅱ）型　17

n 進法　19

n 面体サイコロ　29

■あ行

アイゼンスタイン整数　43

余りのある割り算　44

一様微分可能性　154

1 対 1 写像　59

一般化二項係数　266

一般逆行列　60, 61, 75

一般的な逆行列　60

イデアル　225

ヴァンデルモンドの行列式　132

上への写像　59

オイラー線　87, 132

オイラー変換　164

黄金比　33, 258

黄金分割　33

重み関数　185

■か行

階数　61

概算　171

外心　87

回転指数　54, 57, 229

外・内接円の半径　79

ガウスの証明　51

ガウスの楕円　120

可逆　59

核空間　59

重ねる　20

加速　163

からまり数 55

皮　103

変りサイコロ　31

基底（イデアルの）　226

基本交代式　132

既約数　227

逆正接　108

球面三角形　123

球面三角形に対するヘロンの公式　248

球面三角法　123

球面月形　127

行固有ベクトル　74

行列の累乗　70

共役形　124

共役な基数　34

局面　221

極限を使わない　153

極三角形　125

区間縮小法　159

グラム・シュミットの直交化　186

グレゴリ・ライプニッツの級数　163

ケイリー・ハミルトンの定理　69

コーシーの証明　51

コーシーの積分定理　52

コンパクト性　160

■さ行

差分演算子　164

差分商　154

差分列　164

三角形の周長と外接円の半径との不等
　式　84

三角数　3, 28

三角方程式　176

三項漸化式　186

3乗数の和　9

士官36人の問題　20

指数関数　196

自然対数　231

四面体数　5

シチャーマンサイコロ　31

実数の連続性　159

重心　87

収束が遅い　163

収束の加速　164

準結晶　33

剰余項の評価　166

除去可能な特異点　156

ジョルダンの曲線定理　51

シンプソン公式　182

垂心　87

数独魔方陣　25, 217

ステラジアン　127

スペクトル分解　73

ずらし演算子　164

正規化　74, 186

正弦定理　125

正弦余弦定理　124

正七角形　97

正射影　116

整除　43

整数部　34

正則　59, 196

正二十面体　184

正八面体　183

積の公式（微分法の）　155

積和　179

跡和　69

節点　179

線型　154

線型補間　173

選点直交性　191

素因数分解の一意性　227

像空間　59

273

想像上の数　50

相反性　99

相反的位置　261

総和法　164

素数　227

（複素整数の）素数　44, 47

■た行

大円　123

台形数　7

代数学の基本定理　49

台形公式　180

対数微分　155

多項式　156

互いに素　39

たたみこみ積　202

単一閉曲線　51

単峰極大　158

単数　44

チャップルの定理　87, 236

チャヌシッツィ　37

中線定理　95

中点公式　166, 181

超準解析　153

重複解　157

超魔方陣　21

直交行列　115

直交する　20, 185

直交性　73

直交多項式系　185

デザルグの定理　88

展開し直し　167

等積四面体　83, 247

同伴数　44

導来関数　154

度単位　172

トレミーの定理　98

■な行

内心　87

内積　185

滑らか　154

二項係数　197

2乗数の和　4

ノルム　43, 186

■は行

白銀比　36

八面体サイコロ　32

八面体数　6

パデ近似　195

パデ表　196

ハンケル行列　196

バンの定理　83

汎魔方陣　19

非周期的　33

ピタゴラス三角形　14

非特異　59

微分演算子　154

微分法の平均値定理　158

非ユークリッド幾何学　123

フィボナッチ数列　110

フェルマー点　227

フォイエルバッハの定理　92

複素数体　49

複素数平面　114

複素変数の指数関数　56

副対角線　19

プセーボイ（小石）代数　3

部分的な等差数列　13

分割　34

ベータ関数　192

平均　180

平均値の不等式　158

平均変化率　154

平方数　3

べき等　73

ヘロンの公式　80

傍心　92

方程式の基本定理　49

ポンスレの閉形定理　237

■ま行

巻き数　55

まつわり数　55

魔方陣　19

身　103

ムーア・ペンローズの一般逆行列　60

無限小　153

モニック　186

モローの不等式　201, 203

■や行

ユークリッド整域　44

有理整数　43

良い配置　179

■ら行

ラジアン単位　172

ラテン方陣　20

ラプラスの証明　50

リチャードソン加速　165

立方体　183

リュービルの定理　51

良形　38, 221

レーリーの定理　36

零因子　60

零点（直交多項式の）　188

ロドリーグ型の式　193

ロバットの多項式系　192

■わ行

ワイトホフのニム　37

275

著者紹介：

一松 信 （ひとつまつ・しん）

1926 年　東京で生まれる
1947 年　東京大学理学部数学科卒業
1969 年　京都大学数理解析研究所教授
1989 年　同上定年退職，東京電機大学理工学部教授
1995 年〜2003 年　日本数学検定協会会長
2004 年　東京電機大学客員教授退任
2015 年　日本数学会出版賞受賞

京都大学名誉教授，日本数学検定協会名誉会長，理学博士

主要著書
　岩波数学公式 I, II, III (岩波書店)，解析学序説 (新版) 上, 下 (裳華房)，
　留数解析 (共立出版)，暗号の数理，四色問題 (ともに講談社，ブルーバックス)

続・創作数学演義

2019 年 4 月 21 日　　初版 1 刷発行

著　　者	一松　信
発行者	富田　淳
発行所	株式会社　現代数学社

〒606-8425 京都市左京区鹿ヶ谷西寺ノ前町1
TEL 075 (751) 0727　　FAX 075 (744) 0906
https://www.gensu.co.jp/

検印省略

© Shin Hitotsumatsu, 2019
Printed in Japan

装　　幀	中西真一（株式会社CANVAS）
印刷・製本	亜細亜印刷株式会社

ISBN 978-4-7687-0506-3

● 落丁・乱丁は送料小社負担でお取替え致します。
● 本書のコピー、スキャン、デジタル化等の無断複製は著作権法上での例外を除き禁じられています。本書を代行業者等の第三者に依頼してスキャンやデジタル化することは、たとえ個人や家庭内での利用であっても一切認められておりません。